I0028568

Fakhili Gulo
Christiane Perrin

Oxyhalogénures à Clusters Triangulaires et Octaédriques de Niobium

Fakhili Gulo
Christiane Perrin

Oxyhalogénures à Clusters Triangulaires et Octaédriques de Niobium

Synthèses et Caractérisations

Presses Académiques Francophones

Mentions légales / Imprint (applicable pour l'Allemagne seulement / only for Germany)
Information bibliographique publiée par la Deutsche Nationalbibliothek: La Deutsche Nationalbibliothek inscrit cette publication à la Deutsche Nationalbibliografie; des données bibliographiques détaillées sont disponibles sur internet à l'adresse http://dnb.d-nb.de.

Toutes marques et noms de produits mentionnés dans ce livre demeurent sous la protection des marques, des marques déposées et des brevets, et sont des marques ou des marques déposées de leurs détenteurs respectifs. L'utilisation des marques, noms de produits, noms communs, noms commerciaux, descriptions de produits, etc, même sans qu'ils soient mentionnés de façon particulière dans ce livre ne signifie en aucune façon que ces noms peuvent être utilisés sans restriction à l'égard de la législation pour la protection des marques et des marques déposées et pourraient donc être utilisés par quiconque.

Photo de la couverture: www.ingimage.com

Editeur: Presses Académiques Francophones est une marque déposée de
Südwestdeutscher Verlag für Hochschulschriften GmbH & Co. KG
Heinrich-Böcking-Str. 6-8, 66121 Sarrebruck, Allemagne
Téléphone +49 681 37 20 271-1, Fax +49 681 37 20 271-0
Email: info@presses-academiques.com

Produit en Allemagne:
Schaltungsdienst Lange o.H.G., Berlin
Books on Demand GmbH, Norderstedt
Reha GmbH, Saarbrücken
Amazon Distribution GmbH, Leipzig
ISBN: 978-3-8381-7051-0

Imprint (only for USA, GB)
Bibliographic information published by the Deutsche Nationalbibliothek: The Deutsche Nationalbibliothek lists this publication in the Deutsche Nationalbibliografie; detailed bibliographic data are available in the Internet at http://dnb.d-nb.de.

Any brand names and product names mentioned in this book are subject to trademark, brand or patent protection and are trademarks or registered trademarks of their respective holders. The use of brand names, product names, common names, trade names, product descriptions etc. even without a particular marking in this works is in no way to be construed to mean that such names may be regarded as unrestricted in respect of trademark and brand protection legislation and could thus be used by anyone.

Cover image: www.ingimage.com

Publisher: Presses Académiques Francophones is an imprint of the publishing house
Südwestdeutscher Verlag für Hochschulschriften GmbH & Co. KG
Heinrich-Böcking-Str. 6-8, 66121 Saarbrücken, Germany
Phone +49 681 37 20 271-1, Fax +49 681 37 20 271-0
Email: info@presses-academiques.com

Printed in the U.S.A.
Printed in the U.K. by (see last page)
ISBN: 978-3-8381-7051-0

Copyright © 2012 by the author and Südwestdeutscher Verlag für Hochschulschriften GmbH & Co. KG and licensors
All rights reserved. Saarbrücken 2012

Fakhili GULO · Christiane PERRIN

Oxyhalogénures à Cluster Triangulaires et Octaédriques de Niobium

Synthèses et Caractérisations

paf

A mon fils Fakrocev Charlie Gulo

A ma femme

A toute ma famille

　　　Témoignage de ma profonde affection

A la mémoire de mon père

A ma mère

TABLE DE MATIERES

INTRODUCTION

Durant ces dernières décennies, les composés à clusters d'éléments de transition 4d et 5d ont suscité un intérêt croissant dans la communauté internationale des chimistes du solide, non seulement en raison de leurs caractéristiques particulièrement originales liées à la présence d'agrégats métalliques, ou *"clusters"*, parfaitement organisés dans ces solides, mais aussi en raison de leurs applications potentielles [1]. En effet, beaucoup de ces composés sont maintenant bien connus pour leurs propriétés physiques originales telles que la supraconductivité à hauts champs critiques qui apparaît dans les phases de Chevrel $M_xMo_6S_8$ [2], la conductivité ionique [3] ou leur activité catalytique dans l'hydrodésulfuration [4], pour ne citer que quelques exemples.

Par ailleurs, ces dernières années, la chimie en solution des composés à clusters d'éléments de transition s'est largement développée. En effet de tels composés, obtenus à l'état solide, sont mis en jeu dans de nombreuses réactions en solution permettant de substituer les ligands minéraux par des ligands organiques ou pour remplacer les cations minéraux par des cations organiques. De telles réactions conduisent à de nouveaux hybrides organo-minéraux avec des propriétés originales [5]. Par exemple, les premiers hybrides clusters-dendrimères, $[Re_6Se_8(dendron)_6]^{2+}$ ont été isolés tout récemment [6]. Jusqu'à présent, ces diverses réactions en solution ont utilisé très peu de composés à clusters à ligands mixtes comme précurseurs, à l'exception des composés à clusters Re_6 qui sont très souvent des chalcohalogénures [7]. Cependant l'intérêt évident des composés à clusters comportant deux types de ligands, par exemple halogène-chalcogène ou halogène-oxygène, est de présenter différents sites de substitution en raison de la distribution inhomogène des ligands autour du cluster qui résulte de leur nature différente: ils constituent donc des précurseurs de choix pour de futures réactions en solution. C'est à ce type de composés à ligands mixtes que nous nous sommes intéressé.

Si la chimie à l'état solide des chalcohalogénures à clusters d'éléments de transition est relativement bien connue, celle des oxyhalogénures est encore très peu développée. Les trois premières familles connues d'oxyhalogénures à clusters Nb_6 ou Ta_6 ont été isolées au Laboratoire ces dernières années [8-10]. Au cours de notre travail nous avons donc recherché en chimie du solide de nouveaux oxyhalogénures à clusters de niobium et de tantale puisque ces éléments conduisent préférentiellement à des clusters à arêtes pontées, géométrie favorable à la fois au ligand oxygène et au ligand halogène. Notre travail a porté principalement sur la synthèse, la détermination structurale et l'étude des propriétés de ces nouveaux oxyhalogénures.

Ce mémoire se divise en six chapitres. Dans un premier chapitre, après quelques définitions générales sur les clusters, nous ferons des rappels bibliographiques sur les composés à clusters triangulaires et octaédriques d'éléments de transition 4d et 5d. Dans un deuxième chapitre nous décrirons les techniques de synthèse et de caractérisations utilisées au cours de notre travail. Dans le chapitre III, nous présenterons la première série connue d'oxyhalogénures à clusters triangulaires Nb_3 ou Ta_3 que nous avons isolée. Puis nous nous intéresserons aux composés à clusters octaédriques: les chapitres IV et V détaillerons les trois nouvelles familles d'oxyhalogénures à clusters Nb_6 ou Ta_6 que nous avons obtenues, tandis que dans le chapitre VI sera discutée l'influence du nombre de ligands oxygène liés aux clusters sur les propriétés structurales et électroniques des motifs M_6L_{18} qui apparaissent dans leurs structures. Cette dernière discussion nous permettra de dégager quelques caractéristiques propres aux oxyhalogénures à clusters octaédriques de niobium ou de tantale.

CHAPITRE I
RAPPELS SUR LES COMPOSES A CLUSTERS TRIANGULAIRES ET OCTAEDRIQUES D'ELEMENTS DE TRANSITION

Les travaux sur les composés à clusters ont fait l'objet de nombreuses publications, en particulier en ce qui concerne leur cristallochimie et leurs propriétés électroniques. Ce chapitre sera consacré à des rappels bibliographiques sur les clusters d'éléments de transition obtenus principalement en chimie du solide. Après avoir donné quelques définitions générales sur les clusters, nous nous pencherons plus particulièrement sur la bibliographie concernant les clusters triangulaires et octaédriques qui apparaissent dans les oxyhalogénures de niobium et de tantale que nous avons isolés au cours de notre travail.

I. DEFINITIONS GENERALES SUR LES CLUSTERS
I.1. Définition du cluster

Un *cluster* est un agrégat d'atomes métalliques de dimension finie et de symétrie déterminée dans lequel les atomes sont reliés entre eux par des liaisons métal-métal. Les distances interatomiques y sont proches de celles que l'on observe dans le métal lui-même. Pour les composés d'éléments de transition de tels clusters se forment lorsque: (a) le nombre d'atomes non métalliques est largement inférieur à celui qui correspond à la coordination préférentielle du métal, (b) les éléments de transition possèdent des orbitales suffisamment étendues et (c) des électrons de valence restent disponibles pour créer des liaisons métal-métal [I.1].

En chimie du solide, les éléments de transition 4d et 5d sont favorables, dans leurs bas états d'oxydation, à la formation de tels clusters. Ceux-ci peuvent être triangulaires [I.2-I.5], tétraédriques [I.6, I.7], octaédriques [I.8-I.11] ou condensés comme dans les composés $K_4Al_2Nb_{11}O_{21}$ [I.12] et $Rb_{10}Mo_{32}S_{38}$ [I.13].

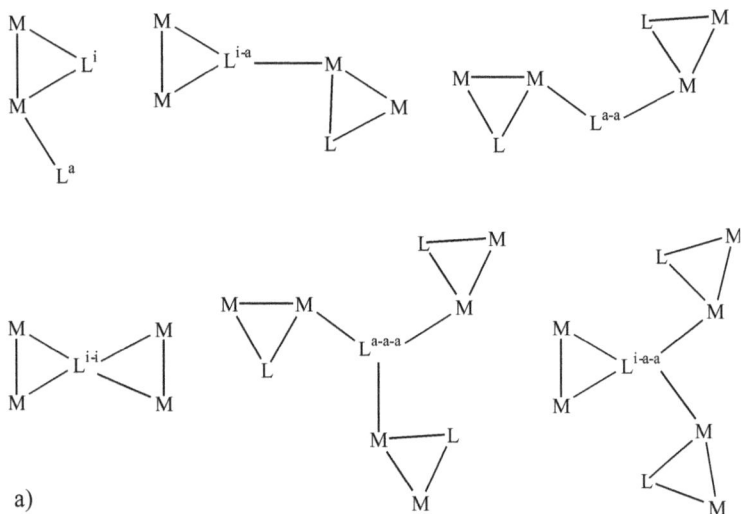

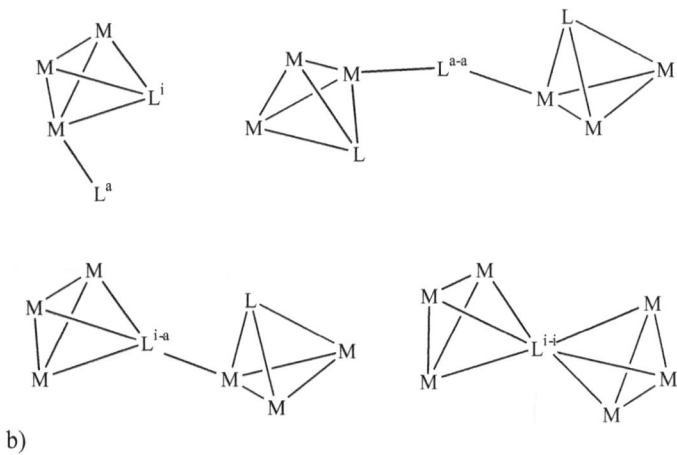

Figure I-1: Nomenclature des différents types de ligands en commun entre motifs adjacents: a) clusters à arêtes pontées et b) clusters à faces pontées.
M = métal, L = ligand

Les clusters sont liés à des ligands - halogène, chalcogène ou oxygène selon la nature du cluster - pour former des ***motifs*** d'une géométrie bien définie qui constituent les entités de base des structures cristallines. Par exemple, dans le cas des clusters triangulaires, le cluster est généralement lié à 13 ligands ce qui conduit à des motifs M_3L_{13}, tandis que dans le cas des clusters octaédriques, deux types de motifs sont observés: M_6L_{14} ou M_6L_{18}. Ces motifs sont le plus souvent chargés négativement ou parfois neutres. Notons que, d'une façon générale, le ligand chalcogène coiffe les faces triangulaires des clusters, tandis que l'oxygène ponte ses arêtes, l'halogène pouvant se trouver dans l'une ou l'autre de ces situations.

La cohésion des structures est assurée soit par mise en commun de ligands entre clusters adjacents (Figure I-1) (noter que dans ce cas la formulation chimique du composé ne correspond évidemment plus à la formule du motif), soit par interactions coulombiennes entre les motifs chargés et des contre-cations, soit par contacts de Van der Waals entre les motifs lorsque ceux-ci sont neutres. Plusieurs de ces possibilités peuvent apparaître simultanément dans une même structure.

I.2. Définition du VEC

Le nombre d'électrons de valence restant sur le cluster est obtenu après avoir considéré un mode de liaison ionique entre les atomes métalliques du cluster, les ligands et les contre-cations, c'est-à-dire un transfert électronique du cluster vers les ligands et des contre-cations vers le cluster. Ce nombre correspond à l'ensemble des électrons qui peuplent les niveaux à caractère métal-métal liant ou non liant. Il constitue ce que l'on appelle le ***VEC***: "Valence Electron Concentration" par cluster.

II. CLUSTERS TRIANGULAIRES D'ELEMENTS DE TRANSITION

Dans la chimie des éléments de transition, de nombreux composés à clusters triangulaires ont été isolés avec des ligands halogène, chalcogène, oxygène et/ou des ligands organiques. Selon le nombre de ligands pontant les arêtes (μ_2-ligand) et coiffant la face (μ_3-ligand) du cluster triangulaire M_3, et selon le nombre de ligands terminaux (L), plusieurs types de motifs peuvent être observés correspondant à différents environnements du métal formant le cluster (fragments ML_n: n = 5, 6 ou 7) [I.14, I.15], par exemple:

1. $M_3(\mu_2\text{-}L)_3L_9$, face non-coiffée, environnement pyramidal à base carrée du métal, par exemple dans Re_3Cl_9 [I.16];

2. $M_3(\mu_3\text{-}L)(\mu_2\text{-}L)_3L_9$, face mono-coiffée, environnement octaédrique du métal, par exemple dans Nb_3Cl_8 [I.17] et ses dérivés ainsi que dans de nombreux composés organo-minéraux [I.18];

3. $M_3(\mu_3\text{-}L)(\mu_2\text{-}L)_6L_6$, face mono-coiffée, métal dans un environnement de sept ligands;

4. $M_3(\mu_3\text{-}L)_2(\mu_2\text{-}L)_3L_6$, face bi-coiffée, environnement octaédrique du métal;

5. $M_3(\mu_3\text{-}L)_2(\mu_2\text{-}L)_6L_3$, face bi-coiffée, métal dans un environnement de sept ligands.

Ces trois derniers motifs sont observés principalement dans des composés organo-minéraux [I.4, I.19, I.20].

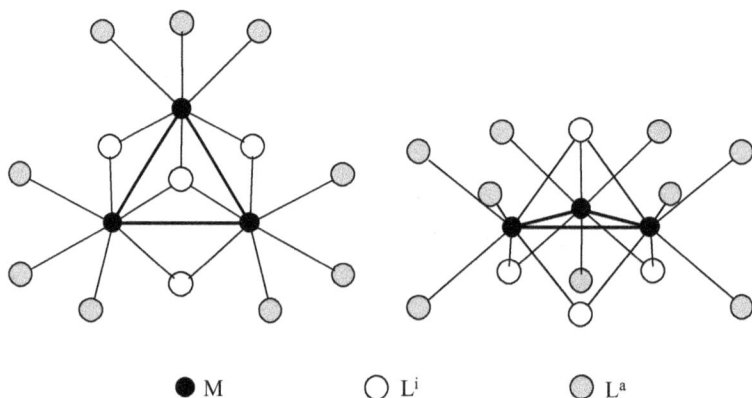

● M   ○ L^i ◯ L^a

Figure I-2: Motif M_3L_{13}

II.1. Composés à motif M_3L_{13}

En chimie du solide, les clusters triangulaires se rencontrent principalement dans le motif M_3L_{13} (exemple 2 ci-dessus) représenté sur la Figure I-2. Dans ce motif, chaque métal est lié à six ligands formant un site octaédrique: trois ligands apicaux (L^a) et trois ligands inner dont deux d'entre eux pontent les arêtes du cluster ($\mu_2\text{-}L^i$) tandis que le troisième ponte la face du cluster (μ_3-L^i). La formule développée de ce motif peut donc s'écrire: $M_3(\mu_3$-L$^i)(\mu_2$-L$^i)_3$L$^a_9$ où les exposants correspondent à la notation de H. Schäfer [I.21]. La cohésion structurale est assurée par la mise en commun de ligands terminaux entre deux (L^{a-a}) ou trois (L^{a-a-a}) motifs adjacents (voir Figure I-1). Nous donnerons ci-dessous quelques exemples de composés dans lesquels ce type de motif apparaît.

Dans le cas du molybdène, en chimie du solide, des clusters Mo$_3$ sont rencontrés dans des oxydes tels que Zn$_2$Mo$_3$O$_8$ [I.22] et ScZnMo$_3$O$_8$ [I.23] pour lesquels la formule développée des motifs est: [Mo$_3(\mu_3$-O$^i)(\mu_2$-O$^i)_3$O$^{a-a}_{6/2}$O$^{a-a-a}_{3/3}$]. De nombreux composés organo-minéraux possèdent un cœur Mo$_3$S$_4$ lié à des ligands terminaux organiques ou hydrates, par exemple: Mo$_3$S$_4(\eta^5$-CpMe$_5)_3$ [I.24] ou Mo$_3$S$_4$(HC$_2$O$_4)_2$(C$_2$O$_4$)(H$_2$O)$_3$ [I.25]. Des clusters triangulaires de tungstène sont également observés dans le chlorure ternaire Na$_3$W$_3$Cl$_9$ [I.26].

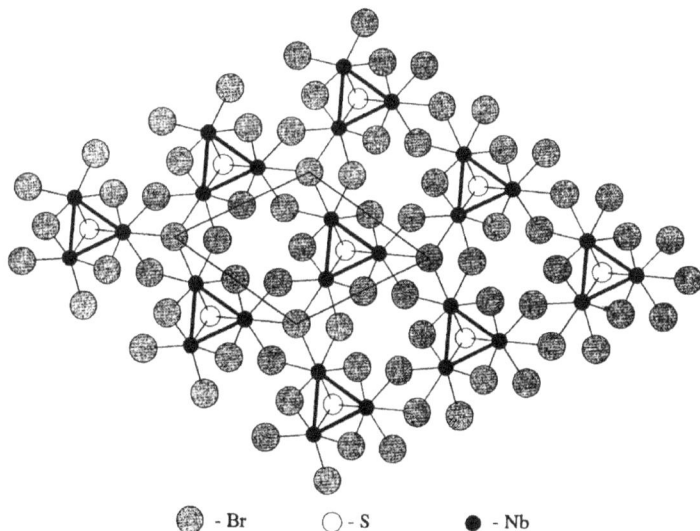

Figure I-3: **Enchaînement des motifs dans Nb$_3$SBr$_7$** [I.28]

Depuis la découverte du chlorure binaire Nb_3Cl_8 [I.17] qui peut s'écrire [$Nb_3(\mu_3$-$Cl^i)(\mu_2$-$Cl^i)_3Cl^{a\text{-}a}_{6/2}Cl^{a\text{-}a\text{-}a}_{3/3}$], l'investigation sur les clusters triangulaires de niobium et de tantale s'est largement développée, en particulier la substitution des ligands chlore par des ligands chalcogène ou par des ligands organiques. En remplaçant un ligand chlore coiffant la face du triangle par un chalcogène, une nouvelle famille M_3YX_7 (M = Nb, Ta; Y = S, Se, Te; X = Cl, Br, I) [I.5, I.27-I.31] de formule développée $M_3(\mu_3$-$Y^i)(\mu_2$-$X^i)_3(X^{a\text{-}a})_{6/2}(X^{a\text{-}a\text{-}a})_{3/3}$ (Figure I-3) a été récemment isolée. La chimie en solution a donné naissance à des composés organo-minéraux du niobium et du tantale tels que [$Nb_3Cl_{10}(PR_3)_3$]$^-$ [I.32] et $HPEt_3[Ta_3Cl_{10}(PEt_3)_3]$ [I.33] dont les cœurs sont [$M_3(\mu_3$-$Cl^i)(\mu_2$-$Cl^i)_3$].

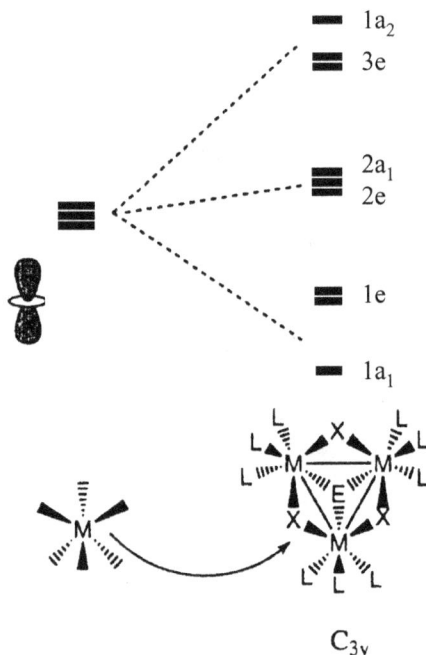

Figure I-4: Diagramme des orbitales moléculaires du motif
M_3L_{13} à cluster triangulaire

II.2. Structure électronique du motif M_3L_{13}

De nombreuses études théoriques ont été effectuées sur la structure électronique des clusters triangulaires dans le motif M_3L_{13} [I.2, I.15, I.34-I.37]. Dans ce motif $M_3(\mu_3\text{-}L^i)(\mu_2\text{-}L^i)_3L^a_9$ de symétrie C_{3v}, chaque atome de métal de transition M est localement entouré de trois ligands inner L^i et de trois ligands apicaux L^a qui forment un octaèdre. Un tel fragment ML_6 présente un bloc "t_{2g}" de trois orbitales à caractère d majoritaire (deux orbitales $d(\pi)$ dégénérées et une orbitale $d(\sigma)$) (Figure I-4). Leur interaction conduit à un ensemble de neuf orbitales moléculaires (OM) dont trois sont liantes ($1a_1 + 1e$), trois sont non liantes ($2a_1 + 2e$, légèrement antiliantes) et trois sont antiliantes ($1a_2 + 3e$).

La majorité des composés à clusters triangulaires basés sur ce type de motif M_3L_{13} présentent six électrons de valence par cluster, comme par exemple Ta_3SBr_7 [I.38]. Ce compte correspond à l'occupation des trois orbitales moléculaires liantes ($1a_1 + 1e$) et conduit à deux électrons par liaison métal-métal, que l'on peut ainsi considérer comme étant d'ordre un. Cependant, en raison de l'existence des trois OM non liantes ($2a_1$ et $2e$), il est possible d'accéder à des composés présentant des VEC supérieurs à six. Par exemple, dans le cas du composé $CsNb_3SBr_7$ [I.39] possédant sept électrons de valence sur le cluster, six électrons occupent les trois OM liantes tandis que le septième est présent sur une OM non liante.

III. CLUSTERS OCTAEDRIQUES D'ELEMENTS DE TRANSITION

Les clusters octaédriques M_6 sont principalement observés dans des halogénures, chalcogénures, chalcohalogénures, oxydes et oxyhalogénures des éléments de transition 4d (zirconium, niobium et molybdène) et de transition 5d (tantale, tungstène et rhénium). Dans ces composés, les ligands entourant l'octaèdre M_6 engendrent deux types de motifs suivant la nature de l'élément de transition M: M_6L_{14} et M_6L_{18}.

III.1. Composés à motifs M_6L_{14}

Dans les composés à motifs M_6L_{14}, le cluster M_6 est environné par six ligands apicaux situés sur les axes quaternaires de l'octaèdre. Les huit autres ligands, appelés ligands inner, coiffent chacun une face de l'octaèdre (Figure I-5) pour conduire à un

9

groupement pseudo-cubique M_6L_8. Un tel motif s'écrit: $M_6(\mu_3\text{-}L)_8L_6$ ou $[(M_6L^i_8)L^a_6]$. Les ligands L^a et L^i sont donc liés respectivement à un et trois atomes métalliques d'un même cluster. Le métal est localisé dans un site pyramidal anionique dont la base et le sommet sont respectivement constitués par quatre ligands L^i et un ligand L^a. L'élément M est généralement situé légèrement au-dessus de la base carrée de ce site pyramidal.

Les motifs M_6L_{14} peuvent s'interconnecter par l'intermédiaire de ligands mis en commun entre clusters adjacents, ce qui conduit à des liaisons inner-inner, inner-apical, apical-inner ou apical-apical notées respectivement $L^{i\text{-}i}$, $L^{i\text{-}a}$, $L^{a\text{-}i}$ ou $L^{a\text{-}a}$ (Figure I.1).

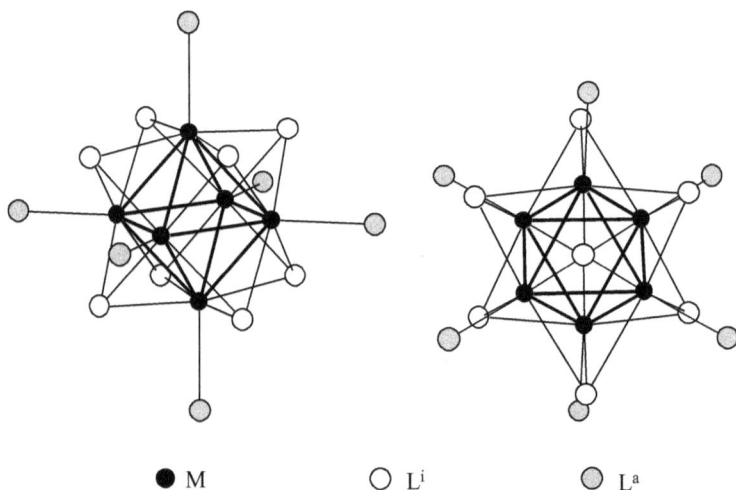

● M   ○ L^i ○ L^a

Figure I-5: Motif $[(M_6L^i_8)L^a_6]$

III.1.1. Composés du molybdène

De tels motifs M_6L_{14} sont rencontrés avec le molybdène. Dans cette chimie il a été possible, tout en conservant le degré d'oxydation II du molybdène [I.40], de passer progressivement de composés tels que $PbMo_6X_{14}$ (X = Cl, Br, I) [I.41] ou $Cu_2Mo_6Cl_{14}$ [I.42] et plus récemment $BiCl(Mo_6Cl_{14})$ [I.43] qui présentent des motifs isolés $[(Mo_6X^i_8)X^a_6]$, à des composés où les motifs sont interconnectés dans les trois

10

directions, en substituant les halogènes par des chalcogènes. Le terme final de cette substitution est constitué par les phases de Chevrel, $Mo_6Y_6X_2$ de formule développée $[(Mo_6X^i_2Y^{i-a}_{6/2})Y^{a-i}_{6/2}]$ [I.44] et $M_xMo_6Y_8$ [I.45] (X = halogène, Y = chalcogène) pour lesquelles le degré d'oxydation du molybdène est légèrement modifié. Dans cette dernière structure, la disposition relative des motifs entraîne la formation de faibles liaisons Mo-Mo interclusters.

Dans les phases intermédiaires, les motifs sont interconnectés par mise en commun de ligands L^{a-a} selon une, deux ou trois directions dans les phases $M^IMo_6X_{13}$ $[M^I(Mo_6Cl^i_8)Cl^a_4Cl^{a-a}_{2/2}]$ [I.46], Mo_6X_{12} $[(Mo_6X^i_8)X^a_2X^{a-a}_{4/2})]$ [I.47] et $Mo_6X_{10}Y$ $[(Mo_6X^i_7Y^i)X^{a-a}_{6/2}]$ [I.48] respectivement. Des ligands L^{i-i} et L^{a-a} apparaissent dans les chalcogénures $Mo_6X_8Y_2$ avec la formule développée $[(Mo_6X^i_5Y^iY^{i-i}_{2/2})X^{a-a}_{6/2}]$ [I.49, I.50]. Dans $Mo_6Br_6S_3$ de formule développée $[(Mo_6Br^i_4S^{i-i}_{2/2}S^{i-a}_{2/2})S^{i-a}_{2/2}Br^{a-a}_{4/2}]$ [I.51] apparaissent simultanément des ligands L^{i-i}, L^{i-a} et L^{a-a}. Ces composés possèdent tous 24 électrons de valence par cluster contrairement aux phases de Chevrel pour lesquelles le VEC varie de 20 à 24 [I.45, I.52].

III.1.2. Composés du tungstène

Dans le cas du tungstène, seuls des halogénures sont connus en chimie du solide. La plupart d'entre eux sont isotypes des phases correspondantes du molybdène, par exemple les halogénures binaires W_6X_{12} (X = Cl, Br, I) [I.47], ou les composés ternaires $M^{II}W_6X_{14}$ [I.53], $M^I_2W_6X_{14}$ [I.54, I.55] et $M^IW_6X_{13}$ [I.55]. L'addition de brome à W_6Br_{12} conduit à la formation de W_6Br_{16} et W_6Br_{18} dont les formules développées sont respectivement $[(W_6Br^i_8)Br^a_4(Br_4)^{a-a}_{2/2}]$ et $[(W_6Br^i_8)Br^a_2(Br_4)^{a-a}_{4/2}]$ [I.56]. Ces deux derniers bromures sont caractérisés par des ponts polybromures.

Par chimie en solution quelques composés à motifs W_6L_{14} ont été obtenus par exemple $W_6S_8[P(C_2H_5)_3]_6$ [I.57], $W_6S_8(C_5H_5N)_6$ [I.58] et son dérivé $W_6S_7Cl(C_5H_5N)_6$ [I.59] ainsi que le séléniure $W_6Se_8L_6$ (L = pyridine ou pipéridine) [I.60].

III.1.3. Composés du rhénium

Une condensation des motifs équivalente à celle que l'on rencontre avec le molybdène a été observée pour les chalcohalogénures du rhénium III. Cependant, en raison d'un électron de valence supplémentaire pour cet élément, les chalcohalogénures de rhénium comportent nécessairement un taux de chalcogène plus important que ceux du molybdène. Ainsi les deux composés extrêmes de la série des chalcochlorures $Re_6Se_4Cl_{10}$ dont la formule développée est $[(Re_6Se^i_4Cl^i_4)Cl^a_6]$ [I.61] et $Re_6Se_8Cl_2$ qui s'écrit $[(Re_6Se^i_4Se^{i-a}_{4/2})Se^{a-i}_{4/2}Cl^a_2]$ [I.62] n'existent pas avec le molybdène. Récemment, plusieurs chalcobromures tels que $KRe_6S_5Br_9$ [I.63], $K_2Re_6S_6Br_8$ [I.64] et $KCs_4Re_6Se_8Br_7$ [I.65] ont été synthétisés dans notre Laboratoire. De nombreux chalcogénures ont également été isolés tels que $Na_4Re_6S_{12}$ et $K_4Re_6S_{12}$ [I.66-I.68] possédant les motifs $[(Re_6S^i_8)S^{a-a}_{4/2}(S-S)^{a-a}_{2/2}]$ avec deux pont polysulfures, $Cs_4Re_6S_{13}$ [I.66] basé sur la présence du motif $[(Re_6S^i_8)S^aS^{a-a}_{2/2}(S-S)^{a-a}_{3/2}]$, ainsi que les sulfures $SrRe_6S_{11}$ et $BaRe_6S_{11}$ présentant le motif $[(Re_6S^i_8)S_{6/2}^{a-a}]$ [I.69]. Des connections par des ligands oxygènes de type "a-a" existent dans $[NBu^n_4]_4[(Re_6S_5OCl_7)_2O]$ à motifs $[(Re_6S^i_5O^iCl^i_2)Cl^a_5O^{a-a}_{2/2}]$ [I.70] obtenu par chimie en solution. Dans la famille des chalcocyanures, les composés $KCs_3[Re_6S_8(CN)_6]$ [I.71], $K_4[Re_6S_{10}(CN)_2]$ [I.72] dont la formule développée du motif est $[(Re_6S_8^i)S^{a-a}_{4/2}(CN)^a_2]$ et $(Pr_4N)_2Mn[Re_6Se_8(CN)_6]$ [I.73] ont été annoncés très récemment.

III.1.4. Composés du niobium

De tels motifs M_6L_{14} sont exceptionnels dans la chimie du niobium, et n'apparaissent, pour des raisons stériques, qu'avec les iodures: Nb_6I_{11} [I.74], HNb_6I_{11} [I.75], $CsNb_6I_{11}$, $CsNb_6I_{11}H$ [I.76] dont la formule développée des motifs est $[(Nb_6I_8^i)I^{a-a}_{6/2}]$. Un thioiodure a également été isolé: Nb_6I_9S [I.77] qui peut s'écrire $[(Nb_6I_6^iS^{i-i}_{2/2})I^{a-a}_{6/2}]$. Par chimie en solution, il est possible de substituer les ligands apicaux par des ligands organiques ce qui conduit à $Nb_6I_8(NH_2CH_3)_6$ de formule développée $[(Nb_6I_8^i)(NH_2CH_3)^a_6]$ [I.78]. Ces iodures possèdent un VEC qui varie de 19 à 22 selon le composé.

III.2. Composés à motif M_6L_{18}

Dans ce motif le cluster M_6 est environné par six ligands apicaux et douze ligands inner. Les six ligands apicaux sont positionnés sur les axes quaternaires de l'octaèdre comme dans le motif M_6L_{14} décrit précédemment. En revanche, les douze ligands inner pontent chacun une arête de l'octaèdre M_6 (Figure I-6). Le motif s'écrit donc $M_6(\mu_2-L)_{12}L_6$ ou $[(M_6L^i_{12})L^a_6]$. Les ligands L^a et L^i sont liés respectivement à un et deux atomes d'un même cluster. L'élément M est localisé dans un site pyramidal anionique dont la base et le sommet sont constitués par quatre ligands L^i et un ligand L^a; il est situé légèrement au-dessous de la base carrée de ce site pyramidal.

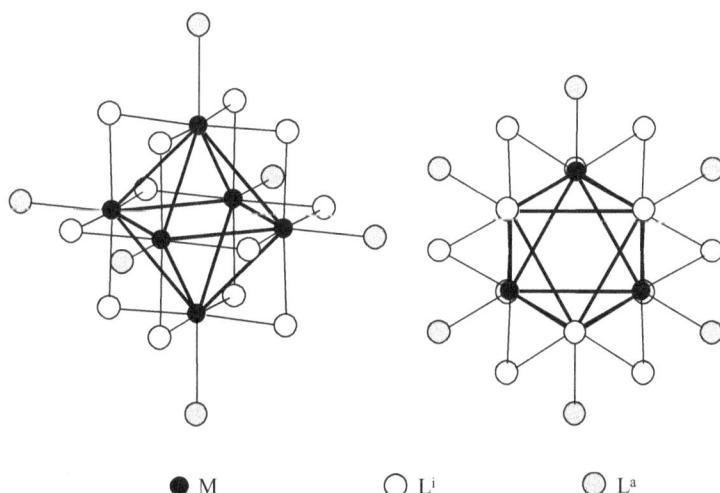

● M   ○ L^i ○ L^a

Figure I-6: Motif $M_6L^i_{12}L^a_6$

III.2.1. Composés du zirconium

Le motif M_6L_{18} est rencontré dans la chimie du zirconium; cependant, le cluster Zr_6 comporte toujours un élément interstitiel Z (Z = B, C, Fe...) qui assure sa stabilité. Dans les différents composés, les motifs peuvent être soit isolés par exemple dans $Rb_5[(Zr_6(B)Cl^i_{12})Cl^a_6]$ [I.79], $CsLaZr_6(Fe)Cl_{18}$ [I.80] isotype de $CsLuNb_6Cl_{18}$ [I.81], et $K_2ZrZr_6(C)Cl_{18}$ [I.82] isotype de $KLuNb_6Cl_{18}$ [I.83], soit condensés par mise en commun de ligands inner et/ou apicaux comme dans le cas du composé binaire $Zr_6I_{12}(C)$ de formule développée $[(Zr_6(C)I^i_6I^{i-a}_{6/2})I^{a-i}_{6/2}]$ [I.84] ou dans le bromure $(Cs_4Br)Zr_6(B)Br_{16}$ qui peut s'écrire $(Cs_4Br)[(Zr_6(B)Br^i_{12})Br^a_2Br^{a-a}_{4/2}]$ [I.85]. Un grand nombre de types structuraux différents sont obtenus pour la même formule développée: $[(Zr_6(Z)X^i_{12})X^{a-a}_{6/2}]$ (Z = Mn, C, B, Be; X = Cl, Br), par exemple $Zr_6(N)Cl_{15}$ [I.86]

13

isotype de Ta_6Cl_{15} [I.87], $Li_2Zr_6(Mn)Cl_{15}$ [I.88] isotype de Nb_6F_{15} [I.89], $Cs_3ZrCl_5Zr_6(Mn)Cl_{15}$ [I.90], $Cs_3Zr_6(Z)Br_{15}$ (Z = C, B) [I.91] et $Rb_5Zr_6(Be)Br_{15}$ [I.92].

III.2.2. Composés du molybdène et du tungstène

Avec le molybdène et le tungstène, très peu de composés présentant des motifs M_6L_{18} ont été isolés: W_6Cl_{18} qui s'écrit $[(W_6Cl^i{}_{12})Cl^a{}_6]$ [I.93, I.94] et Mo_6Cl_{15} de formule développée $[(Mo_6Cl^i{}_{12})Cl^{a-a}{}_{6/2}]$ [I.95] ainsi que le ternaire $(Et_4N)_3[(Mo_6Cl^i{}_{12})Cl^a{}_6]$ [I.95]. Ces composés sont peu stables et n'ont été obtenus que par précipitation à partir de réaction en solution. Très récemment les oxychlorures $(Et_4N)_2[\alpha\text{-}W_6O_6Cl_{12}]$, $(Et_4N)_2[\beta\text{-}W_6O_6Cl_{12}]$ et $(Et_4N)_3[W_6O_7Cl_{11}]$ ont été isolés par chimie en solution [I.96].

III.2.3. Composés du niobium et du tantale

De nombreux halogénures de niobium ou de tantale présentent des motifs M_6L_{18} isolés. Des motifs $[M_6L_{18}]^{3-}$ sont rencontrés dans les ternaires TRM_6X_{18} (TR = terre rare, M = Nb, Ta; X = Cl, Br) [I.83, I.97] et plus récemment dans le chlorure quaternaire $CsPbTa_6Cl_{18}$ [I.98]. Par contre, les halogénures suivants: $Ba_2Nb_6Cl_{18}$ [I.99], $KGdNb_6Cl_{18}$ [I.100], $CsLuNb_6Cl_{18}$ [I.81], $Cs_2EuNb_6Br_{18}$ [I.101], $K_4Nb_6Cl_{18}$ [I.102] et $In_2Li_2Nb_6Cl_{18}$ [I.103] comportent tous des motifs $[M_6L_{18}]^{4-}$ isolés. Ces derniers composés, bien que basés sur les mêmes motifs, présentent des empilements structuraux différents corrélés à la taille des cations présents entre les motifs.

Dans le cas des halogénures binaires, les connexions entre les motifs conduisent à trois composés isotypes: Nb_6Cl_{14} [I.104], Ta_6Br_{14} [I.105], Ta_6I_{14} [I.106], de formule développée $[(M_6X^i{}_{10}X^{i\text{-}a}{}_{2/2})X^{a\text{-}i}{}_{2/2}X^{a\text{-}a}{}_{4/2}]$. Ce sont les seuls composés à clusters Nb_6 ou Ta_6 connus avec un halogène en position i-a. En effet, les motifs M_6L_{18} sont volumineux et peuvent difficilement se rapprocher pour conduire à des liaisons de type i-a entre eux. Les binaires de formule Ta_6X_{15} (X = Cl, Br) [I.87] et Nb_6F_{15} [I.89] présentent deux types structuraux différents bien qu'ayant la même formule développée $[(M_6X^i{}_{12})X^{a\text{-}a}{}_{6/2}]$. Dans le premier cas, les ponts entre les motifs par l'intermédiaire du ligand $L^{a\text{-}a}$ sont coudés tandis qu'ils sont linéaires pour le fluorure. Il est à noter que, bien que le binaire Nb_6Cl_{15} n'existe pas, cette structure a pu être stabilisée en remplaçant partiellement le chlore par du fluor ce qui a conduit aux composés

14

$Nb_6Cl_{15-x}F_x$ [I.107]. Les chlorures ternaires $NaNb_6Cl_{15}$ [I.108] isotype de Ta_6X_{15} et $InNb_6Cl_{15}$ [I.109] isotype de $CsKZr_6(B)Cl_{15}$ [I.110] ont également pu être isolés.

Les oxydes à cluster octaédriques de niobium [I.111] et de tantale comportent également des motifs M_6O_{18} et constituent une famille très riche. Le premier des oxydes de niobium à avoir été découvert en 1977 est $Mg_3Nb_6O_{11}$ [I.112]. En revanche, les premiers oxydes de tantale n'ont été isolés que beaucoup plus récemment, par exemple $M_2Ta_{15}O_{32}$ (M = K, Rb) [I.113]. Dans la plupart de ces oxydes, les motifs sont interconnectés par mise en commun des ligands apicaux, mais également inner contrairement à ce que l'on observe avec les halogénures. En effet, l'oxygène, grâce à son faible rayon peut se placer facilement en position i-a ou i-i. Plusieurs de ces ligands apparaissent dans $LaNb_8O_{14}$ [I.114] dont la formule développée des motifs peut s'écrire $[(Nb_6O^i{}_8O^{i-a}{}_{2/2}O^{i-i}{}_{2/2})O^{a-i}{}_{2/2}O^{a-a}{}_{4/2}]$ ou dans $BaNb_8O_{14}$ [I.115] et très récemment $Ti_2Nb_6O_{12}$ [I.116] dont les formules développées des motifs sont respectivement $[(Nb_6O^i{}_{10}O^{i-a}{}_{2/2})O^{a-i}{}_{2/2}O^a{}_4]$ et $[(Nb_6O^i{}_6O^{i-a}{}_{6/2})O^{a-i}{}_{6/2}]$. Cette chimie des oxydes est très variée puisque, dans certains exemples comme $BaNb_{10}SiO_{19}$ [I.117] et $Rb_4Al_2Nb_{25}O_{70}$ [I.118] des clusters octaédriques et des clusters triangulaires peuvent coexister.

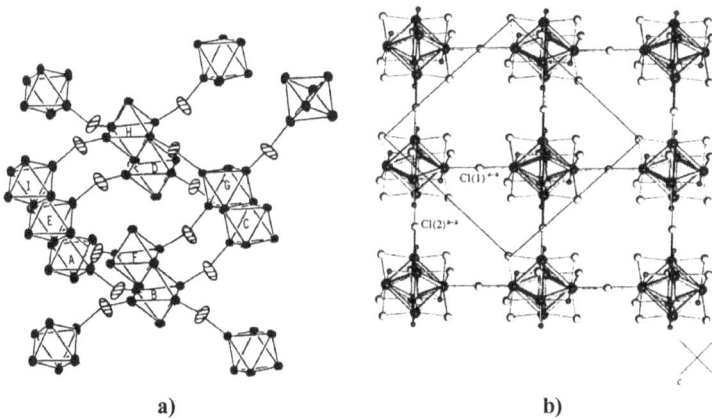

a)   b)

Figure I-7: Enchaînement des motifs: a) $[(Nb_6Cl^i{}_9O^i{}_3)Cl^a{}_2Cl^{a-a}{}_{4/2}]$ dans $ScNb_6Cl_{13}O_3$ et b) $[(Nb_6Cl^i{}_8O^i{}_4)Cl^a{}_2Cl^{a-a}{}_{4/2}]$ dans $Ti_2Nb_6Cl_{14}O_4$

La chimie des oxyhalogénures de niobium et de tantale à motifs M_6L_{18} a commencé à se développer en 1994, date à laquelle le premier composé $ScNb_6Cl_{13}O_3$ de formule développée $Sc[(Nb_6Cl^i_9O^i_3)Cl^a_2Cl^{a-a}_{4/2}]$ [I.119] (Figure I-7a) a été isolé par S. Cordier dans notre Laboratoire. Par la suite, il a obtenu plusieurs oxyhalogénures, par exemple: $A_2RENb_6Cl_{15}O_3$ [I.120], $Cs_2LaTa_6Br_{15}O_3$ [I.121] qui présentent des motifs isolés $[(M_6X^i_9O^i_3)X^a_6]$ et $A_2TRNb_6Cl_{17}O$ [I.122] de formule développée $A_2TR[(Nb_6Cl^i_{11}O^i)Cl^a_6]$. Dans ce dernier composé, un oxygène est en occupation statistique sur les douze positions inner, alors que dans tous les autres oxyhalogénures l'oxygène est toujours ordonné.

L'équipe de A. Lachgar a plus récemment complété ces séries en isolant des oxyhalogénures comportant le contre-cation titane: $Ti_2Nb_6Cl_{14}O_4$ [I.123] et $Tl(Ti_2Cl_9)(Nb_6Cl_{14}O_4)_3(Ti_3Cl_{14})_2$ [I.124] qui présentent les même motifs développés $[(Nb_6Cl^i_8O^i_4)Cl^a_2Cl^{a-a}_{4/2}]$ (Figure I-7b) et le plus récemment $Cs_2Ti_3(Nb_6Cl_{12.5}O_4)_2Cl_2$ [I.125] dont la formule développée est $[(Nb_6Cl^i_8O^i_4)Cl^a_3Cl^{a-a}_{3/2}]$. La présence du titane dans ces composés entraîne la formation de chaînes -Ti-Cl-Ti- spécifiques de ces composés. Jusqu'à présent, tous les oxyhalogénures obtenus présentent des ligands oxygène en positions inner et possèdent 14 électrons de valence sauf $Cs_2LuNb_6Cl_{17}O$ pour lequel le VEC est de 16.

Dans cette chimie du niobium et du tantale, plusieurs composés à clusters mixtes ont été isolés, par exemple $[(Nb_nTa_{6-n})Cl^i_{12}]^{2+}$ ($n = 0 - 6$) [I.126]. Par ailleurs, en remplaçant des atomes de chlore par des atomes d'iode dans le composé Nb_6Cl_{14} [I.104], le chloro-iodure $Nb_6Cl_{12}I_2$ [I.127] a été obtenu. La formule développée de ce dernier, $[(Nb_6Cl^i_{12})I^{a-a}_{6/3}]$, est très différente de celle que l'on rencontre pour Nb_6Cl_{14}: $[(Nb_6Cl^i_{10}Cl^{i-a}_{2/2})Cl^{a-i}_{2/2}Cl^{a-a}_{4/2}]$. Très récemment, plusieurs composés chloro-fluorés ont été isolés dans notre laboratoire, par exemple $Nb_6Cl_{15-x}F_x$ [I.107] et $CsNb_6Cl_8F_7$ [I.128].

Un grand nombre de composés à motifs M_6L_{18} sont solubles dans divers solvants organiques, ce qui a donné accès à une chimie en solution très riche en particulier avec le niobium et le tantale. Des phases à motifs M_6L_{18} présentant des contre-cations organiques, par exemple $[(CH_3)_4N]_3Nb_6Cl_{18}$ [I.129] ou $(PyH)_2Nb_6Cl_{18}$ [I.130], et très récemment $[Bu_4N]_3[Nb_6Cl_{12}(OSO_2CF_3)_6]$ [I.131] ont ainsi été obtenues. Il est aussi possible de substituer des ligands apicaux par des ligands organiques ou des ligands aquo et hydroxo comme dans $[Na_2(CH_3OH)_9][Ta_6Cl_{12}(OCH_3)_6].3CH_3OH$

[I.132], (C$_{18}$H$_{36}$N$_2$O$_6$Na)$_2$[Ta$_6$Cl$_{12}$(CH$_3$O)$_6$].6CH$_3$OH [I.133] ou [Nb$_6$Cl$_{12}$(OH)$_2$(H$_2$O)$_4$].4H$_2$O [I.134]. De plus, par électrocristallisation de nouveaux matériaux hybrides organo-minéraux tels que (TMTTF)$_5$Ta$_6$Cl$_{18}$(CH$_2$Cl$_2$)$_{0,5}$ (TMTTF = tétraméthyltétrathia-fulvalène) [I.135] ont pu être synthétisés.

III.3. Structure électronique des composés à clusters octaédriques

III.3.1. Rappels sur les travaux antérieurs

La structure électronique des clusters octaédriques a fait l'objet de nombreuses études théoriques. Un calcul simplifié d'orbitales moléculaire a été effectué par Cotton et Haas [I.136] sur les motifs [M$_6$L$_8$]$^{4-}$ (M = Mo, W) et [M$_6$L$_{12}$]$^{4-}$ (M = Nb, Ta) dès le début des années soixante. Par la suite, des études utilisant la méthode Hückel étendue et de la fonctionnelle de la densité (DFT) ont été réalisées sur les clusters M$_6$L$_8$ (M = Mo, Co; L = chalcogène, halogène, carbonyle) pour décrire le rôle des "électrons d" dans les liaisons métal-métal [I.137]. T. Hughbanks et R. Hoffmann [I.138] ont montré l'importance des six ligands apicaux notamment pour expliquer les propriétés physiques de ces composés. La perturbation due aux ligands apicaux provoque une augmentation de l'écart énergétique HOMO – LUMO. Le rôle accepteur-π et donneur-π des ligands pour stabiliser les liaisons métal-métal a été étudié dans le cas de clusters octaédriques du molybdène [I.139]. Ces études montrent qu'un composé octaédrique, M$_6$L$_{14}$ possède *3n – 6* orbitales moléculaires liantes de squelette où *n* est le nombre d'atomes métalliques.

Très récemment, des calculs ont été réalisés en méthode de la fonctionnelle de la densité (DFT) qui confirment la valeur de 16 pour le VEC dans le cas d'un motif [(M$_6$X$^i_{12}$)X$^a_6$] (M = Nb, Ta; X = Cl, Br, O) sans oxygène ou comportant un oxygène inner, et un VEC de 14 pour trois atomes d'oxygène inner ou plus par motif [I.140]. Dans le cas des oxydes à motifs Nb$_6$O$_{18}$, le nombre préférentiel d'électrons de valence par cluster est de 14 [I.141].

III.3.2. Diagrammes d'orbitales moléculaires des motifs M$_6$L$_{14}$ et M$_6$L$_{18}$

Il est possible de construire le diagramme d'orbitales moléculaires (OM) de ce type de cluster octaédrique à partir des considérations de symétrie et d'arguments orbitalaires [I.142]. Dans les motifs M$_6$L$_{14}$ et M$_6$L$_{18}$ de symétrie octaédrique, chaque atome de métal M est localement entouré de quatre ligands inner L^i et d'un ligand apical L^a qui forment une pyramide à base carrée ML_5. Des tels fragments ML_5 présentent une orbitale radiale hybride de type σ (s+d) située au-dessus d'un bloc "t_{2g}" de trois orbitales à caractère d prépondérant (deux orbitales d(π) dégénérées et une orbitale d(δ)) (Figure I-8).

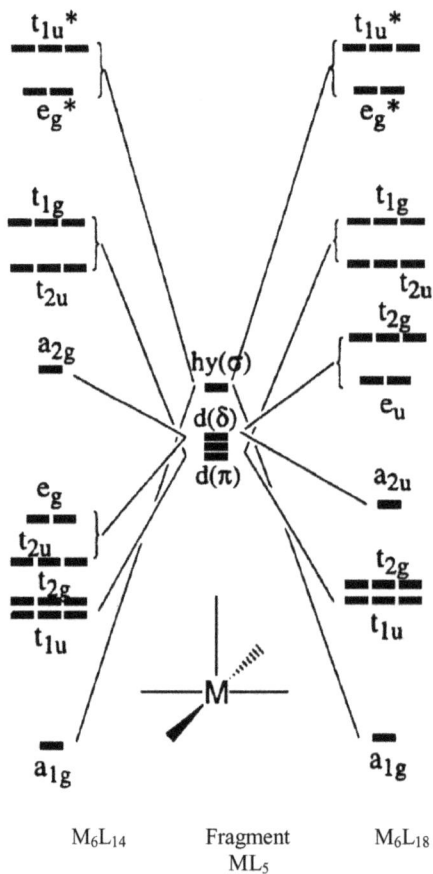

$$M_6L_{14} \qquad \text{Fragment} \qquad M_6L_{18}$$
$$ML_5$$

Figure I-8: Diagramme d'orbitales moléculaires pour les motifs M_6L_{14} et M_6L_{18} de symétrie O_h [I.142]

Quand les six entités ML_5 interagissent entre elles, les six orbitales frontières hybrides (OF) σ se combinent pour donner une orbitale moléculaire liante a_{1g} et cinq OM antiliantes ($e_g^* + t_{1u}^*$). L'interaction entre les douze OF d(π) des six fragments ML_5 donne six OM liantes ($t_{1u} + t_{2g}$) et six OM antiliantes ($t_{2u} + t_{1g}$). Enfin, l'interaction entre les six OF d(δ) conduit pour le motif M_6L_{14} à la formation de cinq OM liantes ($t_{2u} + e_g$) et d'une OM non liante a_{2g} (légèrement antiliante), mais entraîne la formation d'une OM non liante a_{2u} (légèrement liante) et de cinq OM antiliantes ($e_u + t_{2g}$) pour le motif M_6L_{18}.

En résumé, le motif M_6L_{14} présente 12 orbitales moléculaires liantes ($a_{1g} + t_{1u} + t_{2g} + t_{2u} + e_g$) principalement localisées sur les 12 arêtes de l'octaèdre. En revanche, le motif M_6L_{18} possède 8 orbitales moléculaires liantes ($a_{1g} + t_{1u} + t_{2g} + a_{2u}$) principalement localisées sur les 8 faces triangulaires de l'octaèdre. Pour $Cs_2LaTa_6Br_{15}O_3$ [I.121] par exemple, 14 électrons de valence se distribuent sur sept orbitales moléculaires. Pour un tel compte, les orbitales moléculaires t_{2g} et a_{2u} sont respectivement HOMO et LUMO.

III.4. Propriétés liées au VEC pour les composés à clusters octaédriques
III.4.1. Propriétés de transport

Dans certains composés à motif M_6L_{14} et notamment dans les phases de Chevrel $M_XMo_6Y_8$, les motifs peuvent être suffisamment proches pour interagir entre eux, principalement au travers des ponts chalcogène de type i-a, conduisant ainsi à l'établissement d'une structure de bande. Les douze niveaux de caractère métallique très majoritaire donnent une bande d'énergie dont le taux de remplissage en électrons conduit à des composés isolants ou conducteurs. En effet, pour 24 e$^-$/Mo_6, les bandes sont remplies et le composé est isolant. De 20 à 23 e$^-$/Mo_6 les bandes ne sont que partiellement remplies et le matériau est conducteur métallique; il devient généralement supraconducteur à basse température. Dans le cas des sulfures, pour 22 e$^-$/Mo_6, il existe une bande étroite de forte densité d'états au niveau de Fermi de telle sorte que les composés correspondants présentent les meilleures propriétés supraconductrices de cette série; ainsi, pour $PbMo_6S_8$ avec un VEC de 22, $T_C = 14$ K et $Hc_2 = 60$ T à 0 K [I.45].

Dans les halogénures à motif M_6L_{18}, de tels types d'interactions ne peuvent pas se produire en raison de l'encombrement stérique important des halogènes autour du cluster. Ceux-ci n'interagissent donc pas entre eux, ce qui conduit à des matériaux isolants à 14, 15 ou 16 électrons par cluster. Le cas des oxydes de niobium est cependant différent en raison de la petite taille de l'oxygène qui permet des interactions entre les motifs en particulier par l'intermédiaire des ligands inner. Dans de tels composés un comportement semi-conducteur peut être observé, par exemple pour $Ti_2Nb_6O_{12}$ qui présente un VEC de 14 [I.116].

III.4.2. Propriétés magnétiques

Lorsque les composés à cluster M_6 sont isolants, les électrons d restent localisés sur le cluster. Leurs propriétés magnétiques dépendent de la symétrie de l'orbitale HOMO et du nombre d'électrons de valence présents dans cette orbitale. Ainsi, les composés à motifs M_6L_{14} comportant 24 électrons de valence par cluster sont diamagnétiques alors que Nb_6I_{11} avec 19 e^-/Nb_6 [I.74] présente un comportement paramagnétique avec une transition corrélée à une transformation structurale. Par ailleurs, les composés à motifs M_6L_{18} sont diamagnétiques lorsqu'ils comportent 16 ou 14 e^- par cluster et sont paramagnétiques lorsqu'ils possèdent 15 e^-/M_6. Dans ce dernier cas, le moment effectif calculé pour de nombreux exemples correspond bien à celui d'un électron célibataire [I.83, I.143].

IV. CONCLUSION

Les rappels bibliographiques que nous avons regroupés dans ce chapitre montrent que les ligands mis en jeu dans ces nombreux composés à clusters d'éléments de transition obtenus en chimie du solide sont les halogènes, les chalcogènes et l'oxygène. Les composés à ligands mixtes sont principalement des chalcohalogénures dont la cristallochimie est relativement bien développée. En revanche, lorsque nous avons débuté notre travail, aucun oxyhalogénure à cluster triangulaire n'avait encore été obtenu, tandis que les trois premières séries d'oxyhalogénures à clusters octaédriques de niobium et de tantale venaient d'être isolées dans notre Laboratoire. C'est cette chimie des oxyhalogénures à clusters triangulaires et octaédriques de niobium et de tantale, encore peu explorée, que nous avons développée au cours de notre travail.

CHAPITRE II
TECHNIQUES EXPERIMENTALES

Ce chapitre présente les modes de synthèse des composés que nous avons isolés dans ce travail. Les différentes méthodes utilisées pour analyser et caractériser structuralement nos échantillons seront détaillées. Les techniques employées pour déterminer leurs propriétés physiques seront également présentées.

I. SYNTHESE DES COMPOSES

I.1. Recherche de la stœchiométrie des nouveaux oxyhalogénures

Au cours de notre travail les stœchiométries prévisibles pour les oxyhalogénures à clusters M_3 et M_6 recherchés ont été modélisées de la façon suivante.

- Les composés sont basés sur la présence de motifs M_3L_{13} ou M_6L_{18} dans les oxyhalogénures à clusters M_3 ou M_6 respectivement.

- Ces motifs peuvent être soit isolés, soit interconnectés par mise en commun de ligands de type L^{i-i}, L^{i-a}, L^{a-i}, L^{a-a} ou L^{a-a-a} selon les architectures structurales souhaitées, ce qui va conduire au nombre de ligands par cluster dans la formule chimique finale.

- La charge totale des cations est alors définie afin d'obtenir le VEC le plus raisonnable pour le type d'oxyhalogénure attendu.

Par exemple, dans le cas d'un oxyhalogénure à cluster octaédrique de niobium:

- le cluster Nb_6 est toujours lié à 18 ligands. Si l'on souhaite trois oxygènes en position inner parmi les atomes de chlore, la formule du motif sera: $[(Nb_6Cl^i_9O^i_3)Cl^a_6]$;

- si l'on souhaite que ces motifs soient interconnectés par 4 Cl^{a-a}, la formule développée des motifs sera $[(Nb_6Cl^i_9O^i_3)Cl^a_2Cl^{a-a}_{4/2}]$, ce qui conduit à la stœchiométrie $Nb_6Cl_{13}O_3$;

- cette stœchiométrie conduit à un VEC de 11. Il faut alors ajouter trois charges positives pour obtenir un VEC raisonnable de 14 et donc associer les cations requis à la formule ci-dessus. Si l'on choisit un cation trivalent la formule finale du composé sera $TRNb_6Cl_{13}O_3$.

La même stratégie a été utilisée pour tous les composés isolés au cours de notre travail. Il est bien évident que des effets annexes, tels que des effets thermodynamiques ou des effets stériques, vont conditionner l'existence d'un composé correspondant à une formulation déterminée.

I.2. Technique de synthèse

Les synthèses des composés sont effectuées par réaction à l'état solide à partir d'un mélange en proportions stœchiométriques d'halogénures et d'oxydes binaires ainsi que d'éléments métalliques. Les produits de départ que nous avons utilisés sont les suivants: $NbCl_5$ (Alfa, 99,9 %), $NbBr_5$ (STREM, 99,9 %), $TaCl_5$ (Alfa, 99,99 %), $TaBr_5$ (STREM, 99,9 %), AX (A = Na, K, Rb, Cs; X = Cl, Br) (Prolabo), $PbCl_2$ (Alfa, 99,9 %), Nb_2O_5 (Merck, Optipur), Ta_2O_5 (Alfa, 99,85 %), TR_2O_3 (TR = terre rare, Rhône-Poulenc), PbO (Prolabo), Nb (Alfa, 99,99 %) et Ta (Alfa, 99,98 %). Les produits sont pesés (environ 300 mg), mélangés et broyés dans un mortier, puis pastillés. La pastille est alors introduite dans un tube de silice de diamètre intérieur 7 mm. Toutes ces manipulations sont effectuées en boite à gants sous air sec.

Le tube de silice est ensuite scellé sous vide dynamique primaire (pression résiduelle: environ 10^{-1} Torr d'argon) à une longueur d'environ 70 mm, puis chauffé à la température requise. La température de réaction est un facteur primordial de la synthèse et se situe entre 600 et 750° C selon les composés. Ceux-ci sont généralement obtenus au bout de 24 heures de réaction dans un four vertical ou horizontal. Des monocristaux de dimensions suffisantes pour une étude cristallographique sont parfois obtenus dans les conditions de synthèse. Cependant dans la plupart des cas, l'obtention de monocristaux n'est possible que pour des durées de réaction prolongées pouvant atteindre deux à trois semaines, en partant d'un mélange non pastillé. Plusieurs méthodes de cristallogenèse ont été tentées: utilisation d'un fondant, méthode de transport chimique en phase vapeur dans un gradient de température [II.1], mais elles n'ont pas conduit à de meilleurs résultats.

II. METHODES D'ANALYSE ET DE CARACTERISATION

II.1. Analyse par microscopie électronique (MEB)

Ces analyses ont été réalisées au "Centre de Microscopie Electronique à Balayage et microAnalyse de l'Université de Rennes 1", par Messieurs O. Rastoix, J.-C. Jegaden, Ingénieur d'Etude et J. Le Lannic, Ingénieur de Recherches.

La morphologie des produits obtenus a été observée à l'aide d'un microscope électronique à balayage haute résolution JEOL JSM 6301F équipé d'un canon à effet de champ qui permet de travailler à basse tension avec une excellente résolution. Cette étude a permis d'apprécier la qualité des cristaux isolés au cours de nos synthèses.

Les microcristaux ont été analysés à l'aide d'un spectromètre EDS OXFORD LINK ISIS implanté sur un microscope à balayage JEOL JSM 6400. Celui-ci donne accès à une analyse élémentaire qualitative et quantitative à partir du spectre X émis par l'échantillon sous l'impact du faisceau d'électrons accélérés typiquement entre 5 kVet 15 kV. Ce type d'appareillage permet l'analyse des éléments dont le numéro atomique est supérieur à celui du bore, avec une résolution spatiale de l'ordre du micromètre.

II.2. Analyses radiocristallographiques

II.2.1. Analyses radiocristallographiques sur poudre

Tous les composés que nous avons synthétisés ont été caractérisés par leurs diagrammes de diffraction des rayons X enregistrés à l'aide d'un diffractomètre de poudre INEL CPS 120 équipé d'un détecteur courbe à gaz à localisation spatiale.

Ce système présente les caractéristiques suivantes:

- une anticathode de cuivre alimentée par un générateur stabilisé fonctionnant sous 40 kV et 25 mA, constitue la source de rayons X;
- un monochromateur de type Johann à focalisation dissymétrique permet de sélectionner la raie $K\alpha_1$ du cuivre;
- un détecteur INEL, divisé en 4096 canaux et d'ouverture angulaire de 120° (1 canal = 0,03° (2θ)), coïncide avec le cercle goniométrique; et
- un mélange gazeux (argon et éthane) circule en permanence dans le détecteur.

L'acquisition des données se fait grâce à un analyseur multicanal connecté au détecteur INEL. Elles sont ensuite exploitées avec le logiciel DIFFRACTINEL PLUS.

L'échantillon plan est animé d'un mouvement rotatif afin de minimiser l'effet d'orientation préférentielle des cristallites. Il est placé au centre d'un goniomètre de rayon 250 mm. L'angle d'incidence fixe entre le faisceau incident et la surface de l'échantillon est de 8°.

Les diagrammes ont été enregistrés avec du silicium comme étalon interne, puis indexés. Les paramètres cristallins ont été affinés à l'aide du programme CSD97 [II.2] utilisant la méthode des moindres carrés.

II.2.2. Analyses radiocristallographiques sur monocristal

Après caractérisation par microanalyse, les cristaux ont été utilisés pour des études cristallographiques. Les systèmes cristallins et les paramètres cristallographiques de nos composés ont été déterminés sur monocristal à l'aide de la méthode du cristal tournant et de la chambre de Weissenberg ou à l'aide du diffractomètre automatique. Ils ont ensuite été affinés sur poudre selon la méthode indiquée ci-dessus ou sur monocristal, soit à partir de la mesure optimisée des angles de diffraction de 25 réflexions de Bragg obtenus à l'aide du diffractomètre automatique Nonius CAD-4, soit à partir d'une dizaine d'images de diffraction obtenues grâce au diffractomètre KappaCCD, implantés au Centre de Diffractométrie de l'Université de Rennes 1.

II.2.3. Enregistrement des intensités diffractées

Après sélection d'un monocristal de bonne qualité (faible mosaïcité), de taille convenable (de l'ordre du dixième de millimètre) et de morphologie la plus isotrope possible, les intensités diffractées par ce monocristal sont alors enregistrées à l'aide des diffractomètres automatiques Nonius CAD4 ou KappaCCD. Ces enregistrements ont été réalisés par M. Potel, Chargé de Recherches au CNRS, dans le cas du diffractomètre CAD-4 et T. Roisnel, Ingénieur de Recherches, pour le diffractomètre KappaCCD.

a) Diffractomètre Nonius CAD4 à détecteur ponctuel

Cet appareil de géométrie Kappa, schématisé sur la figure II-1, est caractérisé par cinq éléments principaux suivants.
- Une source de rayons X dont l'anticathode est en molybdène, alimentée par un générateur stabilisé fonctionnant sous 50 kV et 30 mA.

24

- Un monochromateur à lame de graphite, permettant de sélectionner la raie Kα du molybdène ($\lambda = 0.71073$ Å).

- Un goniomètre 4 cercles, permettant la rotation du cristal autour des trois axes: ω, κ, et φ, permettant ainsi de positionner des plans réticulaires du cristal en position de diffraction dans le plan horizontal (plan du détecteur). Dans cette géométrie, une tête goniométrique est montée sur un bras qui peut tourner autour de l'axe κ, formant un angle de 50° avec l'axe principal vertical de l'instrument.

- Un détecteur (compteur à scintillations) tournant autour de l'axe vertical 2θ. La distance cristal – détecteur est fixe (173 mm).

- Un ordinateur (MicroVax 3100) qui met en oeuvre les opérations mathématiques requises pour positionner le cristal et le détecteur suivant les angles: ω, κ, φ et 2θ.

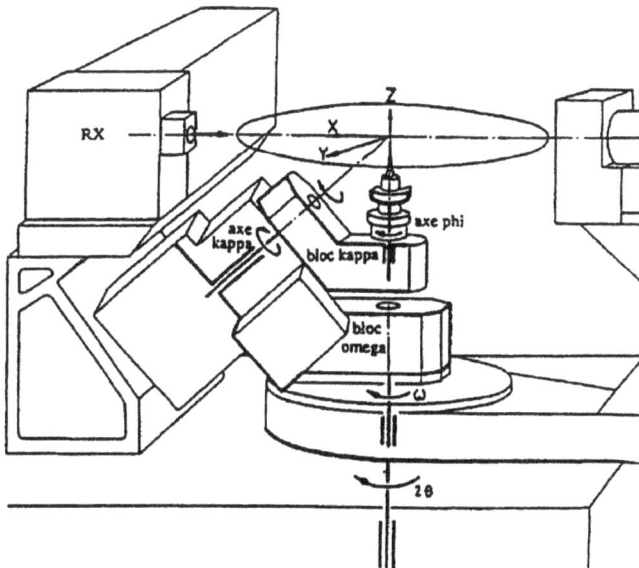

Figure II-1: Schéma du diffractomètre automatique

L'enregistrement des intensités diffractées du monocristal est généralement réalisé en utilisant le mode de balayage, ω - 2θ, à savoir que le compteur effectue un balayage en 2θ à une vitesse double de celle du mouvement de rotation ω. Ce type d'enregistrement est en règle générale privilégié car il permet de tenir compte de l'élargissement de la tache de diffraction en fonction de l'angle 2θ.

Le système cristallin et le réseau de Bravais dans lesquels cristallise le monocristal mesuré génèrent des modules de facteurs de structure équivalents pour certaines familles de réflexions, ce qui permet de n'explorer qu'une partie de la sphère d'Ewald et donc de réduire la durée de l'enregistrement. La qualité de celui-ci est contrôlée par la mesure périodique de l'intensité de plusieurs réflexions sélectionnées, appelées réflexions standards.

b) Diffractomètre KappaCCD à détecteur bidimensionnel

La géométrie de cet appareil est rigoureusement identique à celle décrite précédemment pour le diffractomètre CAD4. La différence fondamentale réside dans le fait que l'appareil est équipé d'un détecteur bidimensionnel de type CCD (charge-coupled device).

Le mode d'enregistrement des intensités diffractées se trouve de ce fait totalement modifié, par rapport à un diffractomètre quatre cercles classique. En effet, par la rotation du cristal autour d'un axe particulier (φ ou ω), un nombre relativement important de réflexions (dépendant de la densité de réflexions dans l'espace réciproque, et donc des paramètres de la maille élémentaire réciproque) peut traverser la sphère d'Edwald et être mesuré puisque le détecteur mesure simultanément sur un large domaine angulaire en 2θ (dépendant de la distance cristal – détecteur, qui peut varier de 25 à 165 mm). La grande sensibilité du détecteur CCD permet de mesurer des cristaux de taille beaucoup plus petite (~5.10^{-3} mm^3) ou de faible pouvoir diffractant. Les temps d'acquisition sont ainsi considérablement diminués par rapport à un diffractomètre classique.

La stratégie d'enregistrement des données est déterminée à partir du programme COLLECT [II.3]. Dans la plupart des cas, un balayage en φ (à κ = 0) sera effectué, suivi de divers balayage en ω (à κ ≠ 0) pour compléter la sphère. Le procédé d'intégration des taches de diffraction sur l'ensemble des images enregistrées est réalisé à l'aide du logiciel DENZO [II.4].

II.2.4. Réduction des données et correction d'absorption

Les données ont ensuite été exploitées par la bibliothèque de programme MolEN [II.5] implantée sur un ordinateur MicroVax 3100 dans le cas des enregistrements utilisant le diffractomètre CAD-4 et du programme SCALEPACK [II.4] dans le cas du KappaCCD. Les intensités ont été corrigées des facteurs de Lorentz et de polarisation. Différents types de corrections d'absorptions ont été utilisés selon les caractéristiques du cristal étudié, à l'aide des logiciels PSISCAN [II.6], SORTAV [II.7] ou NUMABS [II.8]. Le programme PSISCAN prend en compte l'absorption réelle du cristal et est surtout efficace lorsque celui-ci se présente sous forme de plaquette. Le programme SORTAV permet d'effectuer des corrections d'absorption empiriques tandis que le programme NUMABS tient compte du faciès effectif du cristal.

II.2.5. Résolution structurale

Les structures ont été résolues par la méthode directe à l'aide des programmes MULTAN [II.5] ou plus récemment SHELXS-97 [II.9] et SIR-97 [II.10]. Les différents paramètres structuraux ont été affinés par la méthode des moindres carrés et matrice totale à l'aide du programme MolEN [II.5] à partir des facteurs de structure F, ou du programme SHELXL-97 [II.11] à partir de F^2. Les variables sont: la constante d'échelle, les positions atomiques, les facteurs de déplacements isotropes et anisotropes, les multiplicités des différents atomes. Les facteurs de diffusion atomique ont été extraits des Tables Internationales de Cristallographie [II.12]. Les représentations structurales ont été réalisées à l'aide du programme CaRIne. Dans certains cas le programme ORTEP [II.13] a été utilisé pour la représentation des ellipsoïdes.

II.3. Détermination des propriétés magnétiques
II.3.1. Mesures sur magnétomètre à détection SQUID

Les études de susceptibilité magnétique ont été réalisées en collaboration avec le Dr. O. Peña, Directeur de Recherches au CNRS.

La susceptibilité magnétique de nos composés a été mesurée de la température ambiante à celle de l'hélium liquide, à l'aide d'un susceptomètre à SQUID à température variable (VTS 906 commercialisé par SHE). Ces mesures peuvent être effectuées suivant un mode automatique à l'aide d'un micro-ordinateur HP 86B. Elles ont été réalisées généralement sous un champ appliqué de 1 kGauss. Dans certains cas, elles ont été effectuées à 5 ou 10 kGauss après la vérification de la linéarité du moment magnétique M avec le champ H.

Le dispositif de mesure est formé de deux spires enroulées en sens opposé et reliées au système de détection SQUID. Quand l'échantillon traverse la spire, le signal enregistré est dû à la variation de flux, proportionnelle à son moment magnétique. Le courant induit ainsi créé est amplifié par un système à effet Josephson appelé SQUID (Superconducting Quantum Interference Device), de sensibilité de l'ordre de 10^{-8} à 10^{-10} uem. Ce système permet donc l'étude d'échantillons de masse faible et de systèmes faiblement magnétiques.

Compte tenu du très faible volume des monocristaux obtenus au cours de ce travail, les mesures ont été réalisées sur des échantillons se présentant sous forme de poudres placées dans une gélule ayant une contribution diamagnétique pratiquement indépendante de la température. La contribution du porte-échantillon étant connue dans toute la gamme de température, la correction correspondante a été effectuée pour chaque point de mesure.

Les susceptibilités des composés étudiés suivent en général une loi de type Curie-Weiss, $\chi = C/(T-\theta)$. Les courbes $1/\chi = f(T)$ dans le domaine paramagnétique ont été analysées selon cette loi Curie-Weiss. Le moment magnétique est obtenu par la relation $\mu_{eff} = (8C)^{\frac{1}{2}}$, C étant la constante de Curie.

II.3.2. Caractérisation par spectroscopie RPE

Les spectres RPE ont été enregistrés par Jean-Yves Thépot au Centre Régional de Mesures Physiques de l'Ouest, à l'aide d'un spectromètre bande X de marque BRUKER (Série EMX, modèle 8/2,7) équipé d'un cryostat OXFORD ESR900 permettant de travailler entre 300 et 3,8 K en utilisant de l'hélium liquide, ou d'un cryostat BRUKER ER4121 pour travailler entre 300 et 100 K en utilisant de l'azote liquide.

Les matériaux, sous forme de poudre, placés dans un tube de quartz dans la cavité hyperfréquence, ont été étudiés entre 4 et 300 K. Le champ magnétique statique dans la cavité, à l'emplacement de l'échantillon, est étalonné par rapport à un cristal de

28

DPPH ($\alpha\alpha'$-diphényl-β-picryl hydrazyl) dont les valeurs du facteur g et de la largeur de raie sont connues (g = 2.0036 ± 0,0003).

II.4. Détermination des propriétés de transport

Les mesures de résistivité électrique sont effectuées au Laboratoire en collaboration avec M. Guilloux-Viry, Chargée de Recherches au CNRS, soit par la méthode des quatre points, soit par la méthode de Van der Pauw. Cette dernière méthode permet de déterminer la résistivité ρ d'un matériau ayant une épaisseur homogène et de forme quelconque. Les contacts pris sur le pourtour de la plaquette ont des dimensions le plus faible possible (Figure II-2). Soit d l'épaisseur du cristal, soit $R_{AB, CD} = (V_D - V_C) / I_{AB}$ et $R_{BC, DA} = (V_A - V_D) / I_{BC}$. On montre que $\rho = (\frac{1}{2}) (\pi d / \ln 2) (R_{AB, CD} + R_{BC, DA}) F(R_{AB, CD} / R_{BC, DA})$, F étant une fonction du rapport $(R_{AB, CD} / R_{BC, DA})$ directement liée à la forme de l'échantillon.

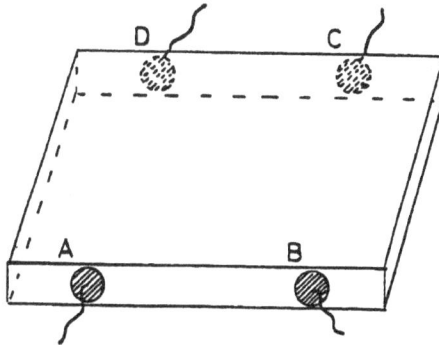

Figure II-2: Mesure de résistivité

Une source de courant continue et un nanovoltmètre sont utilisés pour les mesures. Celles-ci sont effectuées en fonction de la température, soit par trempe dans le bain cryogénique, soit en plaçant le cristal dans un anticryostat à flux gazeux froid. Dans ce cas, de l'azote ou de l'hélium sont aspirés à l'aide d'un capillaire en contact avec le liquide cryogénique. On peut fixer la température de la cellule de mesure au moyen d'un microfour commandé par une régulation. Il est ainsi possible de travailler de la température ambiante jusqu'à 4,2 K et inversement par réchauffement.

CHAPITRE III
PREMIERE SERIE D'OXYHALOGENURES A CLUSTERS TRIANGULAIRES DE NIOBIUM

Depuis la synthèse de Nb_3Cl_8, le premier halogénure à motifs M_3L_{13} obtenu dans la chimie des clusters triangulaires de niobium [III.1], d'autres composés pseudo-binaires ou ternaires présentant le même type de motif dans des empilements différents, ont été isolés en chimie du solide tels que Nb_3SBr_7 [III.2] et $CsNb_3SBr_7$ [III.3]. Très peu de composés correspondants du tantale sont connus. Au cours de notre travail nous avons tenté d'isoler des oxyhalogénures à clusters triangulaires de niobium ou de tantale, aucun composé de ce type n'ayant été mentionné dans la littérature.

Ce chapitre sera consacré à la synthèse et à la caractérisation d'une famille d'oxyhalogénures originaux $M_3X_5O_2$ (M = Nb, Ta; X = Cl, Br) comportant des motifs M_3L_{13} interconnectés pour former un réseau tridimensionnel. L'originalité de ces composés est due à la présence du ligand oxygène en position "inner-apicale" ($\mu_3\text{-}O^{i\text{-}a}$) qui relie les clusters entre eux. Ce mode de liaison interclusters est obtenu pour la première fois dans des composés à clusters triangulaires.

I. SYNTHESE ET CARACTERISATION DES OXYHALOGENURES $M_3X_5O_2$

La synthèse de ces composés est réalisée à partir d'un mélange de M, M_2O_5 et MX_5 (M = Nb, Ta; X = Cl, Br) en proportions stœchiométriques selon la réaction:

$$6\,M + 2\,M_2O_5 + 5\,MX_5 \rightarrow 5\,M_3X_5O_2$$

La réaction s'effectue en deux jours, à 700 °C pour l'oxychlorure de niobium et l'oxybromure de tantale, et à 650 °C pour l'oxychlorure de tantale. Dans le cas du tantale une température supérieure à 700 °C provoque une attaque du tube de silice. Les composés obtenus sont stables à l'air. Ils sont de couleur brun-noir dans le cas du niobium et verte dans le cas du tantale. Dans ces conditions de synthèse, les diagrammes de diffraction des rayons X sur poudre ne mettent pas en évidence de phases secondaires (Figure III-1). Une température trop élevée ou une durée de réaction trop longue conduisent à l'apparition de MOX_2 [III.4] ainsi que d'autres phases non encore identifiées. Jusqu'à présent, nous n'avons pas réussi à synthétiser l'oxybromure de niobium correspondant.

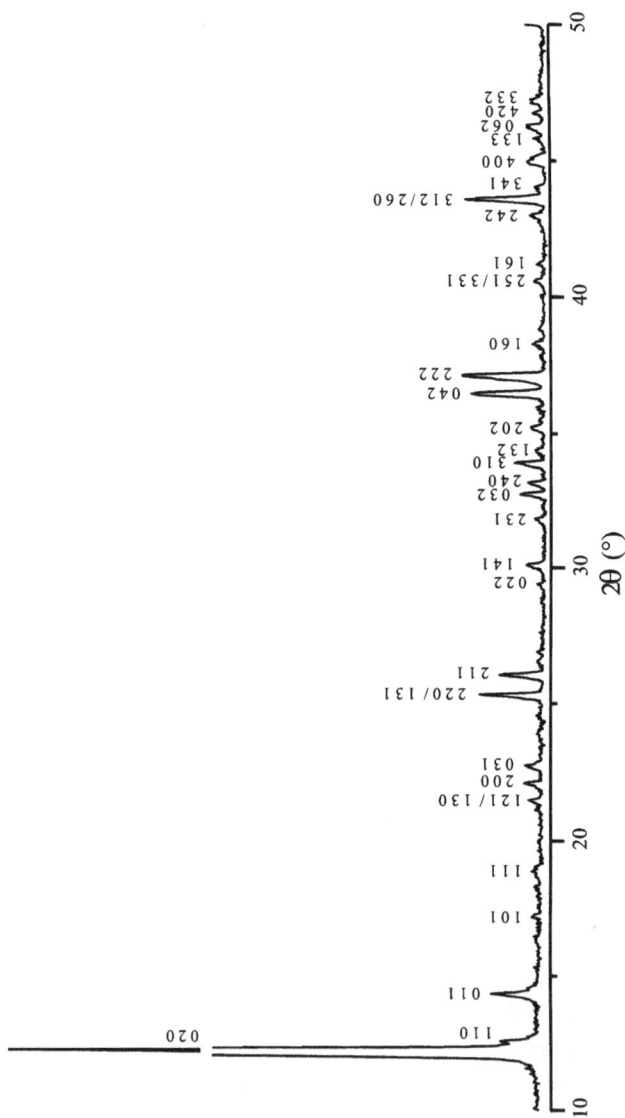

Figure III-1 : Diagramme de diffraction des rayons X du composé $Nb_3Cl_5O_2$

Dans le cas de $Nb_3Cl_5O_2$, des monocristaux s'obtiennent à partir d'un mélange non pastillé et pour une durée de réaction d'une semaine. En revanche, pour le tantale, nous n'avons pas obtenu de monocristaux de taille suffisante dans les conditions de synthèse standard. La morphologie des cristaux a été observée par microscopie électronique à balayage: ils se présentent sous forme d'aiguilles ou de plaquettes très étroites d'une longueur pouvant atteindre plusieurs millimètres (Figure III-2). Ces cristaux sont très fragiles et éclatent facilement en fibres au cours de leur manipulation.

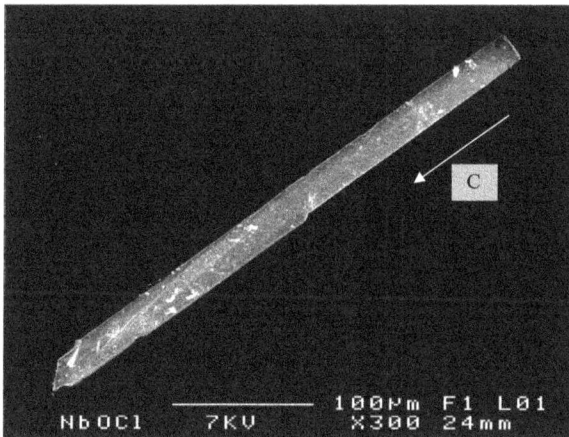

Figure III-2: Photographie d'un cristal de $Nb_3Cl_5O_2$

Le système cristallin et les groupes d'espace possibles de $Nb_3Cl_5O_2$ ont été déterminés sur monocristal à l'aide de la méthode de la chambre Weissenberg. Les paramètres cristallins ont ensuite été affinés à l'aide du diffractomètre CAD-4 à partir des angles de Bragg de 25 réflexions ($4° < \theta < 15°$). Ces études montrent que le composé cristallise dans le système orthorhombique. Les paramètres des autres composés, qui présentent des diagrammes de diffractions X similaires à celui de $Nb_3Cl_5O_2$, ont ensuite été affinés par moindres carrés à partir de leurs diagrammes de poudre. Ils sont regroupés dans le Tableau III-1.

Composé	Paramètres (Å)	Volume (Å^3)
$Nb_3Cl_5O_2$	a = 8,060(2) b = 14,496(3) c = 6,695(2)	V = 782,2(4)
$Ta_3Cl_5O_2$	a = 7,903(7) b =14,390(2) c = 6,587(8)	V = 749(1)
$Ta_3Br_5O_2$	a = 8,168(5) b = 14,748(2) c = 6,733(6)	V = 811(1)

II. DETERMINATION DE LA STRUCTURE CRISTALLINE DE $Nb_3Cl_5O_2$

II.1. Résolution de la structure

Un monocristal de $Nb_3Cl_5O_2$ obtenu après réaction d'une semaine a été utilisé pour la résolution structurale. Les caractéristiques du cristal, les paramètres expérimentaux de l'enregistrement des intensités diffractées et les détails de la détermination structurale sont résumés dans le Tableau III-2. Les réflexions observées répondent aux conditions d'existence: $0kl$: $k + l = 2n$ et $h0l$: $h + l = 2n$ ($h00$: $h = 2n$; $0k0$: $k = 2n$; $00l$: $l = 2n$) qui correspondent aux groupes spatiaux $Pnn2$ et $Pnnm$.

La structure cristalline de $Nb_3Cl_5O_2$ a été résolue par la méthode directe dans le group spatial $Pnnm$ en utilisant le programme MULTAN 11/82 [III.5]. Des essais d'affinement dans le groupe $Pnn2$ ont conduit à de fortes corrélations entre les variables, ce qui nous a conduit à rejeter ce groupe. Un atome de niobium et un atome d'oxygène sont placés en positions générales $8h$ tandis que tous les autres atomes sont situés en positions particulières. L'affinement des différentes variables converge vers les facteurs de reliabilité: R = 0,036 et Rw = 0,047. Tous les atomes occupent totalement leurs positions et ils ont tous été affinés anisotropiquement. Un calcul de série de Fourier différence tridimensionnelle, effectué au stade final de l'affinement, ne laisse pas apparaître de pics supérieurs à 1,7(3) e$^-$.Å^{-3}. Les paramètres atomiques et facteurs de déplacements isotropes équivalents sont donnés dans le Tableau III-3. Les distances interatomiques et les angles de valence principaux sont regroupés dans le Tableau III-4.

Tableau III-2: Caractéristiques du cristal et condition5s d'enregistrement et d'affinement pour le composé $Nb_3Cl_5O_2$

Formule	$Nb_3Cl_5O_2$
Masse molaire	487,98 g.mole^{-1}
Système cristallin	Orthorhombique
Groupe d'espace	*Pnnm* (No. 58)
Paramètres de maille	a = 8,060(2) Å
	b = 14,496(3) Å
	c = 6,695(2) Å
Volume	V = 782,2(4) Å^3
Z	4
Densité calculée	4,14 g.cm^{-3}
Coefficient d'absorption linéaire	57,98 cm^{-1}
Taille du cristal	0,02 x 0,02 x 0,14 mm^3
Température	295 K
Diffractomètre	Enraf-Nonius CAD-4
Limites d'enregistrement: θ	30 °
h; k; l	$0 \leq h \leq 11; 0 \leq k \leq 20; 0 \leq l \leq 9$
Nombre de réflexions indépendantes	1358
Nombre de réflexions utilisées $[I > 3\sigma(I)]$	854
Nombre de variables	55
Correction d'absorption	ψScan
Transmission relative	T_{min} = 0,976; T_{max} = 0,999
Type d'affinement	F
Facteur de reliabilité $[I > 3\sigma(I)]$	R = 0,036; Rω = 0,047
Facteur de pondération, ω	$4Fo^2/[\sigma^2(Fo^2) + (0,04Fo^2)^2]$
Validité d'affinement, S	0,948
Coefficient d'extinction secondaire	2,96 x 10^{-9}
Pics résiduels (max.; min.)	1,7(3); -1,4(3) e$^-$.Å^3

Table III-3: Paramètres atomiques et facteurs de déplacements isotropes équivalents avec leurs écart-types pour $Nb_3Cl_5O_2$

Atome	Position de Wyckoff	x	y	z	B_{eq} ($Å^2$)^a
Nb1	4g	0,0253(1)	0,13481(6)	0	0,37(1)
Nb2	8h	0,23970(8)	0,24009(4)	0,2126(1)	0,39(1)
Cl1	4e	0	0	0,2418(4)	0,80(4)
Cl2	4g	0,2109(3)	0,3736(2)	0	0,74(4)
Cl3	4g	0,2050(3)	0,3591(2)	½	0,59(4)
Cl4	4g	0,2745(3)	0,1287(2)	½	0,72(4)
Cl5	4g	0,3269(3)	0,1111(2)	0	0,63(4)
O	8h	0,9912(6)	0,2259(3)	0,2215(8)	0,41(8)

$^a B_{eq} = 4/3 \ \Sigma\Sigma a_i.a_j.\beta_{ij}$.

II.2. Description de la structure

La structure de l'oxychlorure $Nb_3Cl_5O_2$ est basée sur la présence de motifs Nb_3L_{13} à clusters triangulaires de niobium mono-coiffés. Ces motifs sont interconnectés dans les trois directions de l'espace pour former un réseau tridimensionnel conduisant à une structure-type originale.

II.2.1. Motif [Nb$_3$Cl$_9$O$_4$]

Le motif [$Nb_3Cl_9O_4$] présent dans le composé $Nb_3Cl_5O_2$ est représenté sur la Figure III-3 selon deux projections perpendiculaires. Dans ce motif, le cluster Nb_3 formé à partir de deux atomes de niobium indépendants Nb1 et Nb2, est coiffé par un atome de chlore (μ_3-Cl^i). Deux de ses arêtes sont pontées par un atome d'oxygène (μ_2-O^i) tandis que la troisième est pontée par un atome de chlore (μ_2-Cl^i). En outre, chaque atome de niobium est lié à trois ligands apicaux: trois Cl^a pour Nb1 et un O^a et deux Cl^a pour Nb2. Tous ces ligands sont situés de part et d'autre du plan du cluster triangulaire. Cette disposition conduit à un environnement octaédrique distordu pour chacun des atomes de niobium du cluster. Il est important de noter que $Nb_3Cl_5O_2$ constitue le premier exemple de composé à cluster triangulaire de niobium obtenu en chimie du solide dans lequel des atomes d'oxygène pontent les arêtes du cluster. Quelques composés de ce type ont été obtenus par chimie en solution, par exemple $[Nb_3ClO_3(OH_2)_9]^{4+}$ [III.6] et $[Nb_3SO_3(NCS)_9]^{6-}$ [III.7] dans lesquels trois atomes d'oxygène pontent les trois arrêtes du triangle Nb_3.

Table III-4: Distances interatomiques (Å) et angles de valence (°) avec leurs écart-types pour $Nb_3Cl_5O_2$

Intracluster Nb₃					
Nb1-Nb2	2,709(1)	x2	Nb1-Nb2-Nb2	58,30(2)	x2
Nb2-Nb2	2,847(1)		Nb2-Nb1-Nb2	63,40(4)	
Intramotif [Nb₃Cl₉O₄]					
Nb1-Cl1	2,546(2)	x2	Nb2-Cl2-Nb2	72,30(8)	
Nb1-Cl3	2,583(3)		Nb1-O-Nb2	84,8(2)	x2
Nb1-Cl5	2,455(3)		Nb2-Cl5-Nb2	70,95(8)	
Nb1-O^{i-a}	2,005(5)	x2	Nb1-Cl5-Nb2	67,01(7)	x2
Nb2-Cl2	2,414(2)				
Nb2-Cl3	2,599(2)				
Nb2-Cl4	2,527(2)				
Nb2-Cl5	2,453(2)				
Nb2-O^{i-a}	2,014(5)				
Nb2-O^{a-i}	2,132(5)				
Intermotifs					
Nb1-Nb2	3,506(1)		Nb1-Cl1-Nb1	101,03(9)	
Nb2-Nb2	3,848(1)		Nb2-Cl3-Nb2	95,49(9)	
Nb1-Nb1	3,930(2)		Nb2-Cl4-Nb2	99,16(9)	
Nb2-Nb2	4,071(1)		Nb1-Cl3-Nb2	85,13(7)	
			Nb2-O-Nb2	158,1(3)	
			Nb1-O-Nb2	115,1(3)	

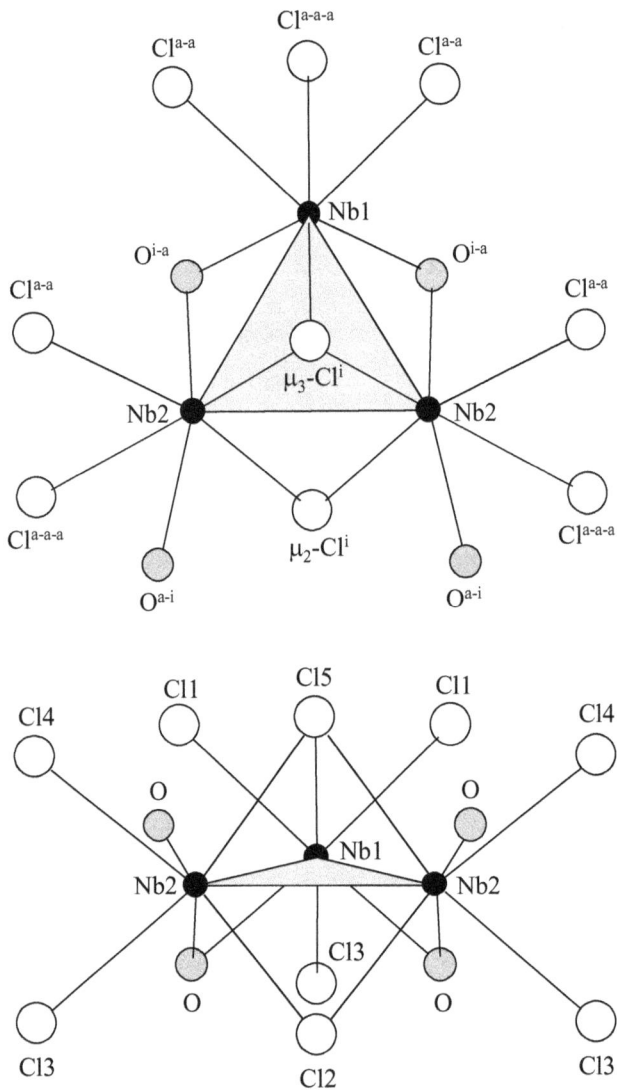

Figure III-3: Motif [$Nb_3Cl_9O_4$] présent dans le composé $Nb_3Cl_5O_2$

Distances Nb-Nb intracluster

La distance moyenne pondérée Nb-Nb intracluster dans $Nb_3Cl_5O_2$ (2,755 Å) est proche de celles que l'on observe dans d'autres composés à clusters triangulaires de niobium présentant des ligands oxygène ou chlore, par exemple $[Nb_3SO_3(NCS)_9]^{6-}$ [III.7] et Nb_3Cl_8 [III.1] dans lesquels les distances moyennes Nb-Nb sont 2,763 Å et 2,81 Å respectivement. Cependant, dans $Nb_3Cl_5O_2$, les deux distances Nb1-Nb2 pontées par les ligands oxygène (2,709(1) Å) sont significativement plus courtes que la distance Nb2-Nb2 pontée par le ligand chlore (2,847(1) Å). Ceci est dû à l'effet de matrice corrélé à la taille du ligand lié au cluster comme cela est rencontré habituellement pour les composés à clusters. Ainsi, une augmentation du rayon du ligand induit une augmentation de la longueur de la liaison métal-métal à laquelle est lié ce ligand. Ceci peut être observé dans le Tableau III-5 en comparant les distances Nb-Nb dans Nb_3Cl_8, Nb_3Br_8 et Nb_3I_8.

Cet effet de matrice entraîne donc une distorsion du cluster d'autant plus importante que la différence des rayons des ligands liés au cluster est importante. Lorsqu'elle est trop importante, celui-ci ne peut plus être stabilisé. Cette distorsion du cluster observée dans $Nb_3Cl_5O_2$ est une caractéristique rarement rencontrée dans la chimie des clusters triangulaires. En effet, jusqu'à présent les ligands pontant les arêtes du cluster étaient tous identiques. Les seules distorsions du cluster observées, généralement faibles, étaient dues à la nature différente des ligands apicaux, par exemple dans Nb_3SI_7 (ligands S^{a-i} et I^{a-a}), ou à une répartition anisotrope des liaisons intermotifs ou des cations. De telles distortions sont illustrées par les distances Nb-Nb rassemblées dans le Tableau III-5.

Dans ce même tableau, on peut noter que les distances Nb-Nb dans le cluster triangulaire sont plus longues que les distances Ta-Ta dans les composés correspondants du tantale, par exemple en comparant les deux thiobromures Nb_3SBr_7 et Ta_3SBr_7. Cette caractéristique avait déjà été observée dans les composés à clusters octaédriques Nb_6 et Ta_6 et, à partir des calculs théoriques, avait été reliée à des effets relativistes et à des interactions métal-métal intracluster plus fortes dans le cas du tantale que dans le cas du niobium [III.14]. Ceci peut expliquer que le volume de maille de $Ta_3Cl_5O_2$ soit plus faible que celui de $Nb_3Cl_5O_2$ puisque le cluster Ta_3 y serait plus petit que le cluster Nb_3.

Tableau III-5 : Données structurales des composés du niobium et du tantale à motifs M₃L₁₃ en chimie du solide

Composé	Groupe spatial	Formule développée du motif	VEC	μ_3-L^i	μ_2-L^i	d(M-M)	moyenne (Å)	Références
$Nb_3Cl_5O_2$	$Pnmm$	$[Nb_3Cl^i_2O^{i\text{-}a}_{2/2}]O^{a\text{-}i}_{2/2}Cl^{i\text{-}a\text{-}a}_{4/2}Cl^{i\text{-}a\text{-}a}_{3/3}$	6	Cl	Cl / O	2.847(1) / 2.709(1) x2	2.755	ce travail
Nb_3Cl_8	$P\text{-}3m1$	$[Nb_3Cl^i_4]Cl^{i\text{-}a}_{6/2}Cl^{i\text{-}a\text{-}a}_{3/3}$	7	Cl	Cl	2.81		[III.1, III.8]
Nb_3Br_8	$R\text{-}3m$	$[Nb_3Br^i_4]Br^{i\text{-}a}_{6/2}Br^{i\text{-}a\text{-}a}_{3/3}$	7	Br	Br	2.88		[III.9]
Nb_3I_8	$R\text{-}3m$	$[Nb_3I^i_4]I^{i\text{-}a}_{6/2}I^{i\text{-}a\text{-}a}_{3/3}$	7	I	I	3.00		[III.9]
Nb_3SBr_7	$P3m1$	$[Nb_3S^iBr^i_3]Br^{i\text{-}a}_{6/2}Br^{a\text{-}a\text{-}a}_{3/3}$	6	S	Br	2.896(1)		[III.2]
Nb_3SI_7	$Pnma$	$[Nb_3S^{i\text{-}a}_{1/2}I^i_3]S^{a\text{-}i}_{1/2}I^{a\text{-}a}_{8/2}$	6	S	I	2.96 x2 / 3.05	2.99	[III.8]
Nb_3TeCl_7	$P\text{-}3m1$	$[Nb_3Te^iCl^i_3]Cl^{i\text{-}a}_{6/2}Cl^{i\text{-}a\text{-}a}_{3/3}$	6	Te	Cl	2.898(1)		[III.10]
$h\text{-}Nb_3TeI_7$	$P\text{-}3m1$	$[Nb_3Te^iI^i_3]I^{a\text{-}a}_{6/2}I^{a\text{-}a}_{3/3}$	6	Te	I	3.059(2)		[III.11]
$hc\text{-}Nb_3TeI_7$	$P6_3mc$	$[Nb_3Te^iI^i_3]I^{a\text{-}a}_{6/2}I^{a\text{-}a}_{3/3}$	6	Te	I	3.052(5)		[III.11]
$CsNb_3SBr_7$	$P2_1/a$	$[Nb_3S^iBr^i_3]Br^{a\text{-}a}_{6/2}Br^{a\text{-}a\text{-}a}_{3/3}$	7	S	Br	2.900		[III.3]
Ta_3SBr_7	Cm	$[Ta_3S^iBr^i_3]Br^{a\text{-}a}_{6/2}Br^{a\text{-}a\text{-}a}_{3/3}$	6	S	Br	2.862(2) x2 / 2.864(2)	2.863	[III.12]
Ta_3SeI_7	$P6_3mc$	$[Ta_3Se^iI^i_3]I^{a\text{-}a}_{6/2}I^{a\text{-}a}_{3/3}$	6	Se	I	2.957(3)		[III.13]
Ta_3TeI_7	$P6_3mc$	$[Ta_3Te^iI^i_3]I^{a\text{-}a}_{6/2}I^{a\text{-}a\text{-}a}_{3/3}$	6	Te	I	3.004(3)		[III.13]

Distances Nb-L intramotif

Dans le motif [$Nb_3Cl_9O_4$], les distances Nb-(μ_2-Cl^i) sont significativement plus courtes que les distances Nb-(μ_3-Cl^i) comme c'est habituellement le cas dans les composés à clusters Nb_3 (voir Tableau III-6). Les distances Nb-(μ_2-O^i) sont comparables à celles que l'on trouve dans d'autres composés à clusters triangulaires de niobium, par exemple [$Nb_3ClO_3(OH_2)_9$]$^{4+}$ [III.6] ou [$Nb_3SO_3(NCS)_9$]$^{6-}$ [III.7].

Par ailleurs, les distances Nb-Cl^i et Nb-O^i sont significativement plus courtes que les distances mettant en jeu le niobium et un ligand apical comme cela est observé généralement pour les composés à clusters (Nb2-$Cl2^i$ et Nb2-$Cl4^a$: 2,414(2) Å et 2,527(2) Å respectivement et Nb2-O^i et Nb2-O^a: 2,014(5) Å et 2,132(5) Å respectivement) en raison de la répulsion électrostatique des ligands apicaux par les ligands inner.

Enfin, notons que le fait que l'oxygène ponte les arêtes du cluster Nb_3 et non pas sa face, est en bon accord avec ce que l'on a observé jusqu'à présent dans la chimie des clusters de niobium. En effet, l'oxygène ne coiffe généralement pas la face du triangle Nb_3, que ce soit dans un cluster triangulaire ou un cluster octaédrique. En revanche, de nombreux exemples sont connus dans lesquels le chlore ponte soit les arêtes soit les faces du cluster triangulaire.

Tableau III-6: Distances moyennes Nb-L^i (Å) dans les composés à motifs Nb_3L_{13}

Composé	VEC	μ_3-L^i	dNb-(μ_3-L^i)	μ_2-L^i	dNb-(μ_2-L^i)	Réf.
$Nb_3Cl_5O_2$	6	Cl	2,454	Cl	2,414	ce
				O	2,010	travail
Nb_3Cl_8	7	Cl	2,462	Cl	2,428	[III.8]
[$Nb_3SO_3(NCS)_9$]$^{6-}$	4	S	2,51	O	2,03	[III.7]
[$Nb_3ClO_3(OH_2)_9$]$^{4+}$	4	Cl	2,49	O	2,01	[III.6]
Na[$Nb_3Cl_{10}(THF)_3$].3THF	6	Cl	2,456	Cl	2,434	[III.15]
(HPEt$_3$)$_3$[$Nb_3Cl_{10}(PEt_3)_3$]	6	Cl	2,504	Cl	2,443	[III.16]
[$Nb_3Cl_{10}(PMe_3)_3$]$^-$	6	Cl	2,496	Cl	2,453	[III.17]

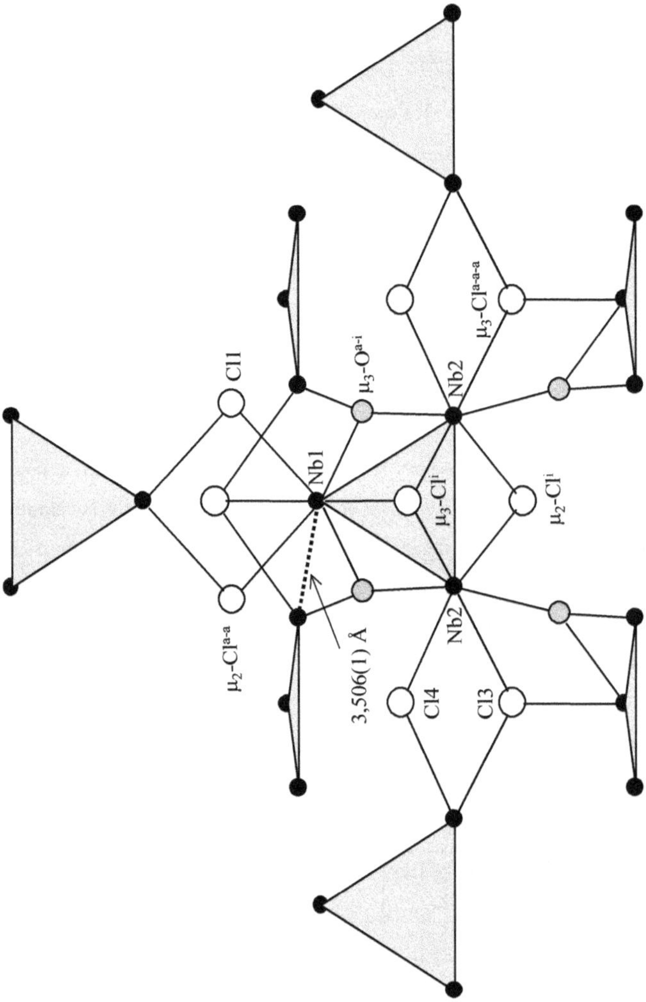

Figure III-4 : Liaisons entre un cluster et les sept clusters voisins
$[Nb_3(\mu_3\text{-}Cl^i)(\mu_2\text{-}Cl^i)(\mu_2\text{-}Cl^i)(\mu_3\text{-}O^{i\text{-}a})_{2/2}](\mu_3\text{-}O^{a\text{-}i})_{2/2}(\mu_2\text{-}Cl^{a\text{-}a})_{4/2}(\mu_3\text{-}Cl^{a\text{-}a\text{-}a})_{3/3}$

II.2.2. Liaisons entre les motifs

Dans le composé $Nb_3Cl_5O_2$, un cluster Nb_3 est lié à sept clusters voisins par la mise en commun de ligands oxygène et chlore entre les motifs (Figure III-4). L'atome d'oxygène qui ponte une arête du cluster est en position apicale pour un cluster

42

adjacent. Les atomes de chlore Cl1 et Cl4 sont en position apicale pour deux clusters adjacents, tandis que l'atome Cl3 relie entre eux trois clusters voisins. La formule développée de ce composé s'écrit $[Nb_3(\mu_3\text{-}Cl^i)(\mu_2\text{-}Cl^i)(\mu_3\text{-}O^{i\text{-}a})_{2/2}](\mu_3\text{-}O^{a\text{-}i})_{2/2}(\mu_2\text{-}Cl^{a\text{-}a})_{4/2}$ $(\mu_3\text{-}Cl^{a\text{-}a\text{-}a})_{3/3}$, dans laquelle les exposants correspondent à la notation établie par H. Schäfer [III.18]

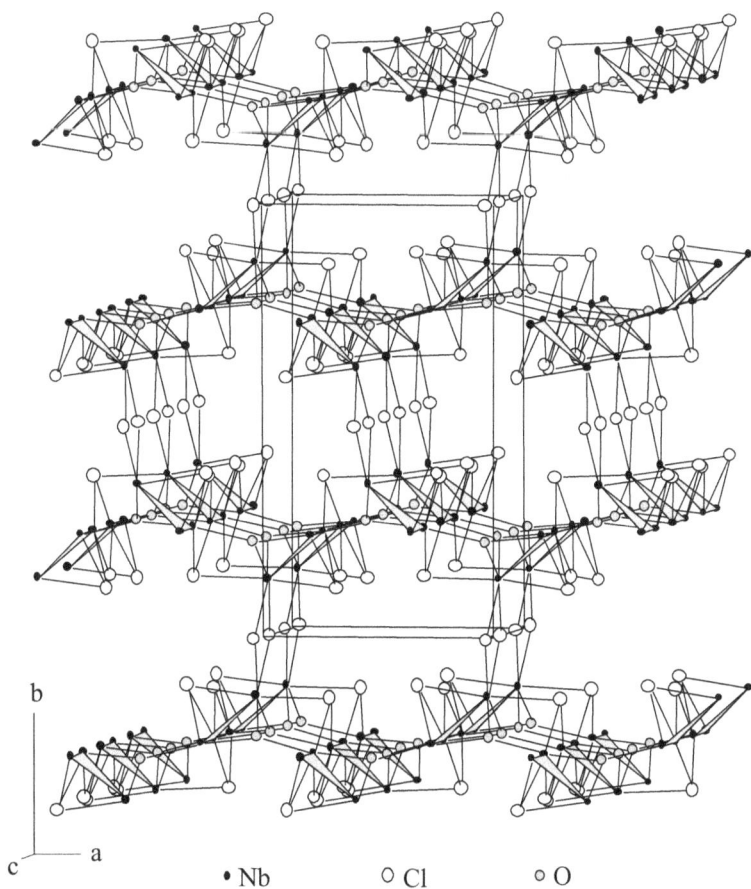

Figure III-5: Enchaînement des clusters dans Nb$_3$Cl$_5$O$_2$

La Figure III-5 montre que ces connexions intermotifs conduisent à la formation de feuillets ondulés de clusters se développant parallèlement au plan *(ac)*. Selon la direction de l'axe *a*, les clusters sont reliés entre eux par des ponts chlore (Cl^{a-a-a}) ainsi que par des ponts oxygène (O^{i-a} ou O^{a-i}) entraînant de courtes distances Nb1-Nb2 interclusters (3,506(1) Å). Parallèlement à l'axe *c*, les clusters sont reliés les uns aux autres par des ponts chlore (Cl^{a-a-a} et Cl^{a-a}) qui entraînent des distances Nb2-Nb2 interclusters de 3,848(1) Å. Les couches de clusters ondulées ainsi formées sont liées entre elles selon la direction de l'axe *b* par l'intermédiaire de ponts chlore (Cl^{a-a}), avec des distances Nb1-Nb1 intercouches de 3,930(2) Å. Notons que les monocristaux de ce composé se développent selon la direction de l'axe *c* et sont les plus robustes selon cette direction.

Les projections de la structure selon les directions [001], [010] et [100], représentées sur les Figures III-5 et III-6, permettent de visualiser l'empilement séquentiel des pseudo-couches qui se déduisent l'une de l'autre par rotation de 180° autour de l'axe *c*.

II.2.3. Comparaison avec les structures d'autres composés à motifs M_3L_{13}

Comme nous l'avons montré ci-dessus, le nouvel oxychlorure $Nb_3Cl_5O_2$ présente des caractéristiques structurales tout à fait originales dans la chimie des composés à motifs M_3L_{13}. En effet, habituellement, les ligands oxygène pontant les arêtes du cluster triangulaire ne se lient pas aux clusters voisins, par exemple dans les oxydes du molybdène $LiZn_2Mo_3O_8$ [III.19] et $Zn_2Mo_3O_8$ [III.20] ou dans $[Nb_3ClO_3(OH_2)_9]^{4+}$ [III.6] et $[Nb_3SO_3(NCS)_9]^{6-}$ [III.7], contrairement à ce que l'on observe pour $Nb_3Cl_5O_2$.

Les composés à motifs M_3L_{13} apparentés à Nb_3X_8 (X = Cl, Br, I) et M_3YX_7 (M = Nb, Ta; Y = S, Se, Te; X = Cl, Br, I), dérivent le plus souvent de la structure-type CdI_2. Dans les feuillets de motifs, les clusters triangulaires mono-coiffés sont généralement coplanaires. Dans les différentes structures obtenues, ces plans successifs peuvent être orientés selon la même direction comme dans Nb_3SeI_7 ou être opposés comme dans Nb_3Cl_8 (Figure III-7). La cohésion de ces structures n'est assurée que par l'intermédiaire de contacts de Van der Waals entre feuillets adjacents ce qui confère à ces composés un caractère bidimensionnel, contrairement à ce que l'on observe pour

$Nb_3Cl_5O_2$ dans lequel les feuillets sont reliés entre eux par des ponts chlore entraînant un caractère tridimensionnel.

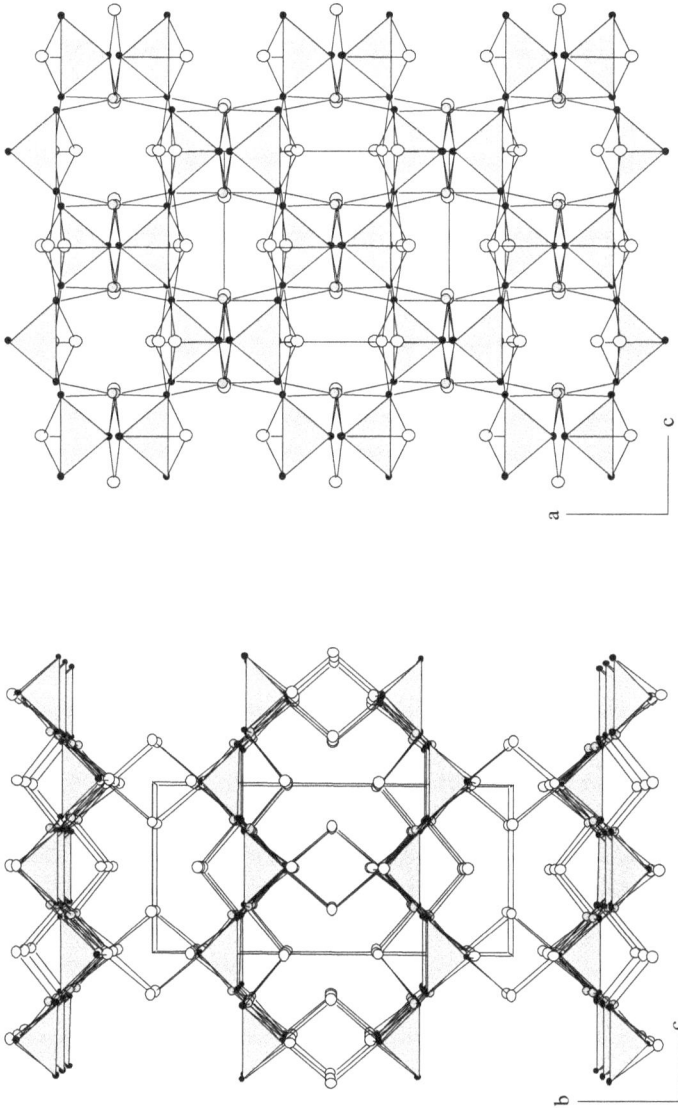

Figure III-6 : Projection de la structure de $Nb_3Cl_5O_2$ selon les directions [100] (vue perspective) et [010]

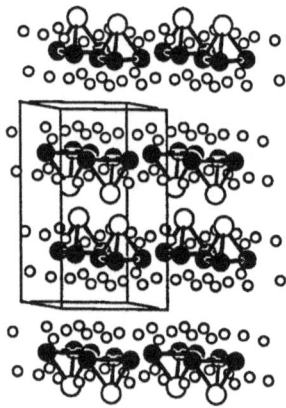

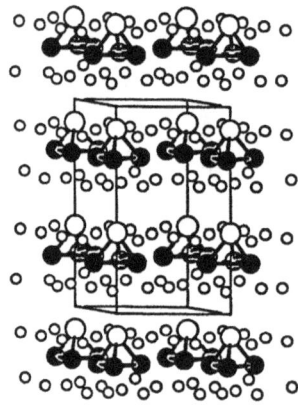

Antiferroélectrique

α-Nb$_3$Cl$_8$ (*P*-3*m*1)

Ferroélectrique

Nb$_3$SeI$_7$ (*P*6$_3$*mc*)

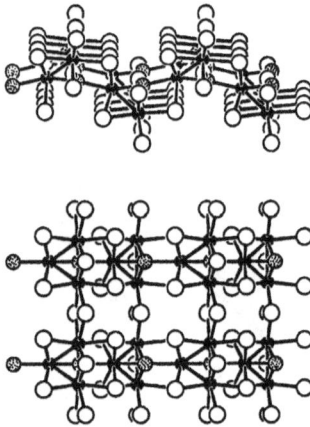

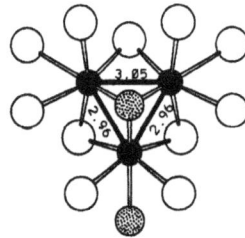

Nb$_3$SI$_7$ (*Pnma*)

Figure III-7: Trois types structuraux pour les composés à motifs Nb$_3$L$_{13}$, d'après [III.8]

Dans le composé Nb_3SI_7, un ligand de type L^{i-a}, différent de celui que l'on rencontre dans $Nb_3Cl_5O_2$, est observé: l'atome de soufre qui coiffe la face du cluster est également en position apicale pour le cluster voisin (Figure III.7). Il doit donc se décrire comme un ligand de type (μ_4-L^{i-a}), et non (μ_3-L^{i-a}) comme le ligand oxygène dans $Nb_3Cl_5O_2$. Ce type de ligand (μ_4-L^{i-a}), unique dans la chimie des clusters triangulaires, est en revanche souvent observé dans des composés à clusters octaédriques de molybdène ou de rhénium basés sur des motifs M_6L_{14} [III.21]. Dans le thioiodure Nb_3SI_7, les feuillets sont ondulés avec les clusters Nb_3 non-coplanaires comme dans $Nb_3Cl_5O_2$; ces feuillets ne sont reliés entre eux que par contact de Van der Waals et ce composé présente donc un caractère bidimensionnel contrairement à $Nb_3Cl_5O_2$.

Dans $Nb_3Cl_5O_2$, les distances Nb-Nb interclusters (3,506(1) Å, 3,845(1) Å, 3,930(2) Å) sont relativement courtes comparées à celles que l'on observe dans les autres composés à motifs M_3L_{13}, mais cependant trop longues pour pouvoir être considérées comme des liaisons métal-métal. Rappelons que dans $CsNb_3Br_7S$ [III.3], les clusters triangulaires sont liés entre eux par des liaisons métal-métal (dNb-Nb interclusters = 3,11 Å) pour former des chaînes infinies reliées entre elles par le cation césium. Jusqu'à présent, cet arrangement particulier des clusters n'a pas été rencontré dans d'autres composés à motifs M_3L_{13}.

III. STRUCTURE ELECTRONIQUE DE $Nb_3Cl_5O_2$

D'après la formule structurale, dans $Nb_3Cl_5O_2$ le niobium possède le degré d'oxydation III. Le nombre d'électrons de valence (VEC) restant sur le cluster Nb_3 après transfert de charge est de six, ce qui correspond à trois liaisons Nb-Nb mettant en jeu deux électrons de valence chacune. Le même VEC a été trouvé dans d'autres composés à clusters triangulaires, par exemple M_3YX_7 (M = Nb, Ta; Y = chalcogène; et X = halogène) (voir Tableau III-5) et $(HPEt_3)_3[Nb_3Cl_{10}(PEt_3)_3]$ [III.16]. Comme nous l'avons rappelé dans le chapitre I, ces six électrons occupent trois orbitales moléculaires liantes pour former les liaisons métal-métal du cluster.

Le diagramme d'orbitales moléculaires du motif $[Nb_3Cl_9O_4]^{8-}$ (symétrie C_s) présent dans $Nb_3Cl_5O_2$ a été calculé par la méthode de Hückel Etendue, à partir des données expérimentales en utilisant le programme CACAO, en collaboration avec le groupe de Chimie Théorique du Laboratoire (Professeur J.-Y. Saillard, Dr. J.-F. Halet et B. Le Guennic).

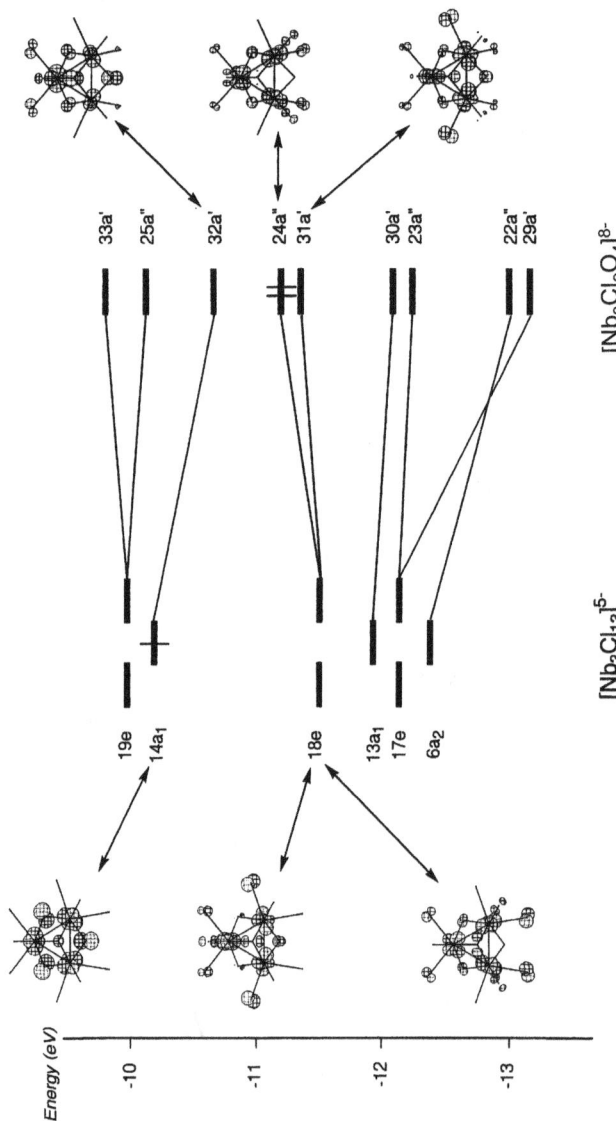

Figure III-8 : Diagramme d'interactions orbitalaires pour les motifs $[Nb_3Cl_{13}]^{5-}$ et $[Nb_3Cl_9O_4]^{8-}$ rencontré respectivement dans Nb_3Cl_8 et $Nb_3Cl_5O_2$

Le même calcul a été effectué pour le motif $[Nb_3Cl_{13}]^{5-}$ (symétrie C_{3v}), présent dans le chlorure Nb_3Cl_8 qui possède sept électrons de valence, afin de pouvoir déterminer de façon rigoureuse l'effet sur ce diagramme du remplacement de quatre ligands chlore par des ligands oxygène. Ces deux diagrammes sont représentés sur la Figure III-8. Sur cette figure, les niveaux 19e et $14a_1$ ainsi que 18e et $13a_1$ correspondent respectivement aux niveaux $2a_1$ et 2e ainsi que 1e et $1a_1$ de la Figure I-4. Ces diagrammes mettent en évidence quatre orbitales moléculaires métal-métal liantes ($13a_1$, 18e, $14a_1$ pour $[Nb_3Cl_{13}]^{5-}$ et 30a', 31a', 24a'' et 32a' pour $[Nb_3Cl_9O_4]^{8-}$) qui peuvent être remplies par 8 électrons de valence. Notons que l'orbitale HOMO de $[Nb_3Cl_{13}]^{5-}$ à sept électrons par cluster devient la LUMO pour $[Nb_3Cl_9O_4]^{8-}$ à six électrons par cluster.

Le remplacement de quatre atomes de chlore du motif $[Nb_3Cl_{13}]^{5-}$ par quatre atomes d'oxygène se traduit par un abaissement de symétrie du motif: passage de la symétrie C_{3v} à la symétrie C_s. Ceci entraîne des levées de dégénérescence des orbitales e. Ainsi, l'orbitale 18e de $[Nb_3Cl_{13}]^{5-}$, se décompose en deux orbitales 24a'' et 31a' pour $[Nb_3Cl_9O_4]^{8-}$. De plus, l'ordre et la position des orbitales sont modifiés; certains niveaux sont stabilisés, tandis que d'autres au contraire sont déstabilisés. Le niveau $14a_1$, HOMO dans $[Nb_3Cl_{13}]^{5-}$, qui est largement séparé du bloc des autres orbitales métal-métal liantes ($\Delta E = 1,317$ eV) est stabilisé et rejoint ce bloc dans le cas de $[Nb_3Cl_9O_4]^{8-}$ ($\Delta E = 0,521$ eV). Il apparaît donc que pour le motif $[Nb_3Cl_9O_4]^{8-}$ deux électrons supplémentaires devraient pouvoir occuper le niveau 32a' et que des composés à 7 ou 8 électrons par cluster devraient donc pouvoir être obtenus plus facilement avec ce dernier motif que dans le cas de $[Nb_3Cl_{13}]^{5-}$.

IV. PROPRIETES PHYSIQUES

IV.1. Propriétés de transport

La fragilité des cristaux de $Nb_3Cl_5O_2$ qui éclatent facilement en fibres n'a pas permis d'y prendre quatre contacts pour étudier leur résistivité. Cependant, un cristal sur lequel il a été possible de prendre deux contacts s'est avéré présenter une résistivité très élevée à la température ambiante. Sa valeur dépassant notre gamme de mesure n'a pas pu être calculée.

IV.2. Propriétés magnétiques

L'étude des propriétés magnétiques du composé $Nb_3Cl_5O_2$ a été réalisée sur de la poudre. Les mesures de susceptibilité ont été effectuées à l'aide du susceptomètre à SQUID, sur un échantillon de 0,2329 g entre 5 K et la température ambiante, sous un champ de 5 kGauss. Les corrections diamagnétiques ont été calculées à partir du diamagnétisme des ions Nb^{5+}, Cl^- et O^{2-}. La susceptibilité molaire corrigée de $Nb_3Cl_5O_2$ en fonction de la température est représentée sur la Figure III-9.

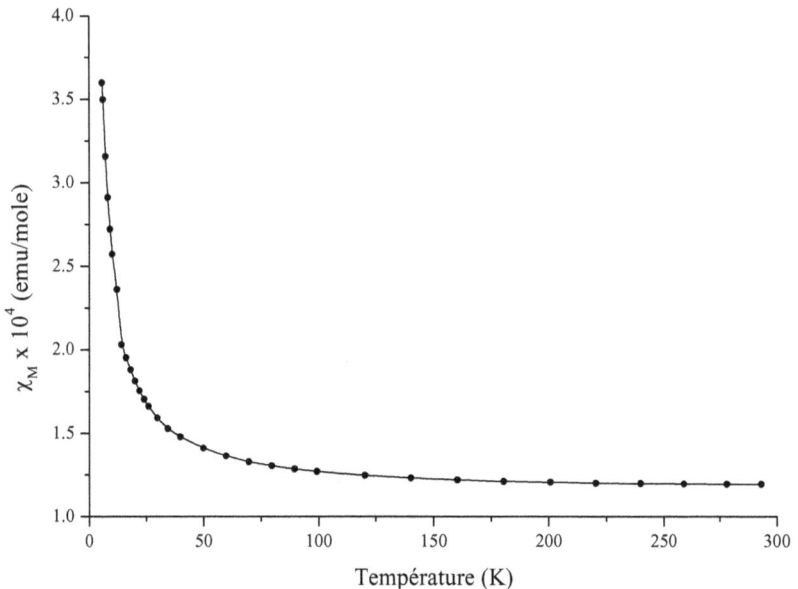

Figure III-9: Susceptibilité molaire corrigée de $Nb_3Cl_5O_2$ en fonction de la température

Entre 100 et 300 K, la susceptibilité de cet échantillon est très faible et présente un comportement pratiquement indépendant de la température avec χ_{293} = 1,19 x 10^{-4} emu/mole. A une température inférieure à 100 K nous observons une légère augmentation de la susceptibilité. En dessous de 10 K, la susceptibilité molaire corrigée conduit à moment magnétique effectif de 0,18 μ_B. Ce résultat pourrait être dû à la présence de traces d'impuretés magnétiques dans l'échantillon.

Des mesures par spectroscopie RPE, réalisées sur de la poudre de $Nb_3Cl_5O_2$, ne mettent en évidence aucun signal significatif.

En conclusion, ces résultats des mesures magnétiques confirment la présence de six électrons appariés sur le cluster Nb_3.

V. ESSAI D'OBTENTION D'AUTRES COMPOSES A MOTIFS [$Nb_3Cl_9O_4$]

D'après l'arrangement structural du composé $Nb_3Cl_5O_2$ (Figure III-5) qui met en évidence des lacunes et en raison du faible écart énergétique HOMO-LUMO calculé lors des études théoriques, il semble possible de pouvoir introduire un cation dans cette structure afin d'ajouter un ou deux électrons de valence dans les niveaux métal-métal liants et ainsi obtenir un composé à 7 ou 8 électrons de valence par cluster. Rappelons que de telles valeurs du VEC avaient déjà été rencontrées pour de nombreux composés à clusters Nb_3.

Les lacunes observées forment des tunnels prismatiques de 3,5 Å d'arête dans lesquels existent des sites à 2,50 Å des atomes de chlore. Nous avons tenté d'y insérer des petits cations tels que le cuivre ou le lithium. Pour cela nous avons utilisé différentes méthodes: réaction à l'état solide entre des cristaux de $Nb_3Cl_5O_2$ et de la poudre de cuivre en tube scellé à 700°C pendant quelques jours, ou synthèse directe à partir d'un mélange stœchiométrique de LiCl, Nb, Nb_2O_5 et $NbCl_5$ pour tenter d'obtenir "$LiNb_3Cl_5O_2$". Ces deux tentatives ont échoué.

Nous avons également tenté, en collaboration avec le Professeur C. Boulanger de l'Université de Metz, d'insérer du cuivre ou du zinc dans cette structure par voie électrochimique en milieu $CuSO_4$ ou $ZnSO_4$. Les analyses réalisées après avoir imposé pendant plusieurs heures les potentiels nécessaires pour insérer ces cations, ne mettent pas en évidence la présence de cuivre ou de zinc dans la structure hôte.

Tous ces résultats négatifs indiquent des difficultés d'accueil de cations dans le réseau hôte, bien que les calculs théoriques soient en faveur de l'apport d'un ou deux électrons supplémentaires dans les niveaux électroniques.

Une autre façon d'obtenir un cluster triangulaire à 7 ou 8 électrons de valence dans un composé de structure-type $Nb_3Cl_5O_2$ serait de remplacer un ou deux atomes de niobium du cluster par un élément de transition présentant un ou deux électrons de valence supplémentaires tels que le molybdène, le tungstène ou le rhénium. Nous avons ainsi tenté de préparer par synthèse directe les composés à clusters triangulaires mixtes, tels que $Nb_{3-x}Mo_xCl_5O_2$, $Nb_{3-x}W_xCl_5O_2$ et $Nb_{3-x}Re_xCl_5O_2$. Aucun des ces composés n'a pu être isolé jusqu'à présent.

VI. CONCLUSION

Le remplacement de quatre atomes d'halogène par quatre atomes d'oxygène dans le motif $[M_3X_{13}]$ présent dans les halogénures M_3X_8 conduit donc pour la première fois à des oxyhalogénures pseudo-binaires à clusters triangulaires de niobium ou de tantale présentant la nouvelle stœchiométrie M_3L_7, en raison d'un nouveau type de connexion entre les motifs. Ces composés comportent six électrons de valence par cluster.

Une des caractéristiques de la structure de $Nb_3Cl_5O_2$ que nous avons résolue, réside dans la distorsion des clusters Nb_3 en raison de la présence de deux ligands μ_2-L^i de rayons très différents, le chlore et l'oxygène, qui pontent les arêtes du cluster. Ce ligand oxygène, lié également à un cluster adjacent, est de type (μ_3-O^{i-a}), tout à fait nouveau dans cette chimie, et entraîne de courtes distances Nb-Nb interclusters.

CHAPITRE IV

NOUVELLE SERIE D'OXYCHLORURES A CLUSTERS OCTAEDRIQUES DE NIOBIUM PRESENTANT QUATRE OXYGENES PAR MOTIF M_6L_{18}

Dans les composés à clusters octaédriques de niobium et de tantale basés sur les motifs $[(M_6L^i_{12})L^a_6]$, le remplacement du ligand halogène par de l'oxygène permet de modifier la géométrie du motif et d'envisager, dans un même matériau, la coexistence de liaisons interclusters propres aux halogénures et aux oxydes. Dans le cas d'une distribution inhomogène des ligands chlore et oxygène autour du cluster, une anisotropie structurale devrait ainsi être favorisée. Les premiers oxyhalogénures connus à clusters Nb_6 ou Ta_6 comportaient un ou trois atomes d'oxygène par motif et avaient été isolés précédemment au Laboratoire par S. Cordier: $A_2TRM_6X_{17}O$, $A_2TRM_6X_{15}O_3$, $TRM_6X_{13}O_3$ (A = cation monovalent, TR = terre rare, M = Nb ou Ta avec X = Cl et M = Ta avec X = Br) [IV.1]. Dans ces composés, les motifs sont isolés ou interconnectés par les ligands apicaux, comme dans le cas des halogénures. Au cours de notre travail, nous avons tenté d'augmenter le nombre d'oxygène par motif pour faire apparaître des types de connexions interclusters propres aux oxydes par l'intermédiaire des ligands inner.

Dans ce chapitre nous présentons la synthèse et la caractérisation d'une famille originale d'oxychlorures à clusters octaédriques $AM_6Cl_{12}O_2$ comportant quatre ligands oxygène par motif, deux d'entre eux apparaissant pour la première fois en positions apicales. Nous discuterons cette nouvelle structure et mettrons en évidence un type de liaison interclusters original dans la chimie des oxyhalogénures.

I. SYNTHESE ET CARACTERISATION DES COMPOSES $AM_6Cl_{12}O_2$

Les composés $AM_6Cl_{12}O_2$ ont été synthétisés à partir d'un mélange de ACl (A = Na, K, Rb, Cs), M, M_2O_5 et MCl_5 (M = Nb, Ta) en proportions stœchiométriques selon la réaction suivante.

$$5 \text{ ACl} + 15 \text{ M} + 2 \text{ M}_2O_5 + 11 \text{ MCl}_5 \rightarrow 5 \text{ AM}_6Cl_{12}O_2$$

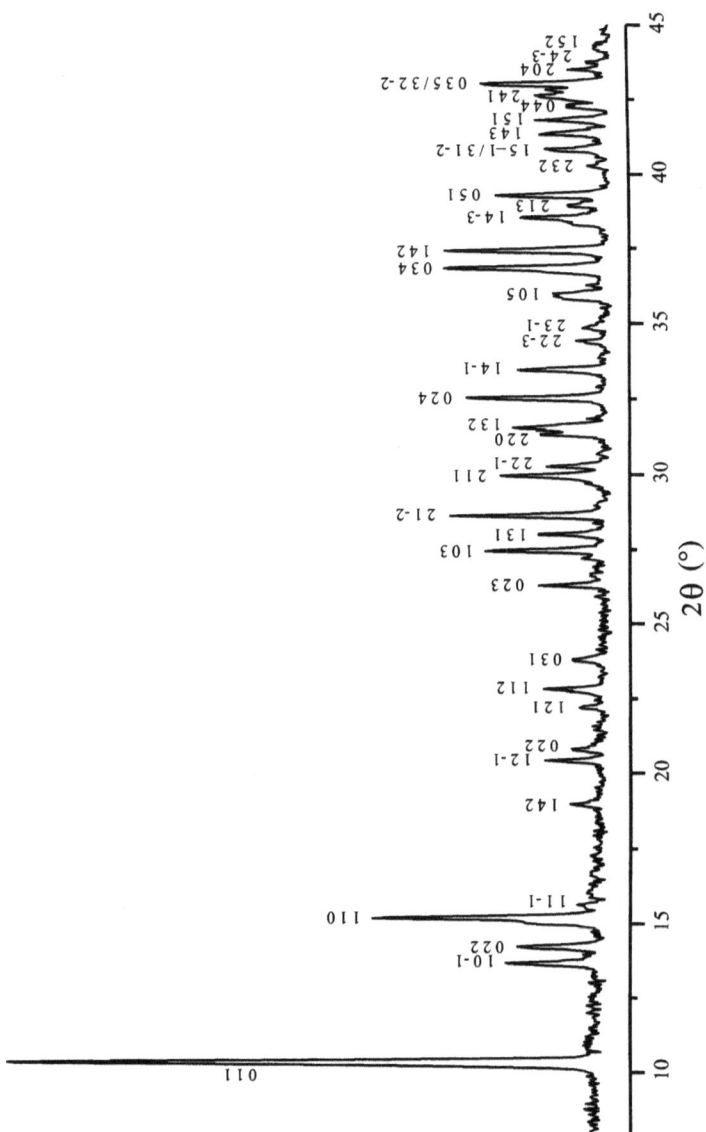

Figure IV-1 : Diagramme de diffraction des rayons X du composé CsNb$_6$Cl$_{12}$O$_2$

54

La réaction s'effectue à 650 °C pendant deux jours. Les composés obtenus sont stables à l'air et se présentent sous forme d'une poudre microcristalline de couleur brun-noir dans le cas du niobium et verte pour le tantale. Ces conditions de synthèse conduisent à des phases pratiquement pures pour A = K, Rb, Cs, comme l'indiquent les diagrammes de diffraction X, qui sont similaires pour toutes les phases de la série, suggérant ainsi une isotype. A titre d'exemple, celui du composé $CsNb_6Cl_{12}O_2$ est représenté sur la Figure IV-1. Seules quelques traces de phases secondaires sont parfois détectées telles que $A_3Nb_2Cl_9$ [IV.2], ANb4Cl11 [IV.3] et NbO2 [IV.4].

Notons que dans le cas du sodium une importante proportion de phases secondaires est toujours observée. Avec le lithium aucune phase correspondante n'a pu être isolée. Nous avons réalisé quelques synthèses en remplaçant le niobium par le tantale, ce qui a conduit à l'obtention de la phase $CsTa_6Cl_{12}O_2$ isotype de la phase du niobium correspondante. En revanche, le remplacement du chlore par le brome n'a permis d'isoler aucun oxybromure de niobium ou de tantale dans cette série.

Figure IV-2: Photo des cristaux de $CsNb_6Cl_{12}O_2$

Des monocristaux ont été obtenus à partir d'un mélange de produits de départ non pastillé, en prolongeant le temps de réaction d'une semaine. Ils se présentent sous forme de parallélépipèdes (Figure IV-2). Leur microanalyse à l'aide de la sonde EDS indique la présence de l'élément alcalin, du niobium ou du tantale et du chlore dans des rapports A : Nb/Ta : Cl proches de 1 : 6 : 12. Les paramètres de la maille de $CsNb_6Cl_{12}O_2$ ont été déterminés sur monocristal et affinés à partir de 25 réflexions à l'aide du diffractomètre Enraf Nonius CAD-4.

Parallèlement, ceux de $RbNb_6Cl_{12}O_2$ ont été affinés à partir de 10 images obtenues par le diffractomètre KappaCCD. Ces études montrent que les composés cristallisent dans le système monoclinique. Les paramètres de maille des autres phases ont été affinés à partir de leurs diagrammes de poudre. Toutes ces valeurs sont regroupées dans le Tableau IV-1.

Tableau IV-1: Paramètres et volume de la maille des composés $AM_6Cl_{12}O_2$

Composé	Paramètres (Å)		Volume (Å^3)
$CsNb_6Cl_{12}O_2$	a = 6,807(3);	b = 11,714(2)	V = 989,2(6)
	c = 12,665(5);	β = 101,60(2)	
$RbNb_6Cl_{12}O_2$	a = 6,8097(4);	b = 11,6699(9)	V = 974,7(1)
	c = 12,5090(9);	β = 101,337(4)	
$KNb_6Cl_{12}O_2$	a = 6,792(2);	b = 11,694(3)	V = 966,6(4)
	c = 12,411(3);	β = 101,32(3)	
$NaNb_6Cl_{12}O_2$	a = 6,74(1);	b = 11,60(1)	V = 955(2)
	c = 12,45(3);	β = 101,13(3)	
$CsTa_6Cl_{12}O_2$	a = 6,780(6);	b = 11,66(3)	V = 971(3)
	c = 12,54(3);	β = 101,57(3)	

La variation du volume de maille des composés $ANb_6Cl_{12}O_2$ en fonction du volume du cation A^+ est représentée sur la Figure IV-3: une bonne corrélation est observée. Notons que le volume de maille du composé $CsTa_6Cl_{12}O_2$ est significativement plus faible que celui du composé correspondant obtenu avec le niobium, comme cela est habituellement observé dans la chimie des clusters de niobium et de tantale, en raison d'interactions métal-métal plus fortes avec le tantale qu'avec le niobium entraînant des liaisons intracluster plus courtes [IV.5].

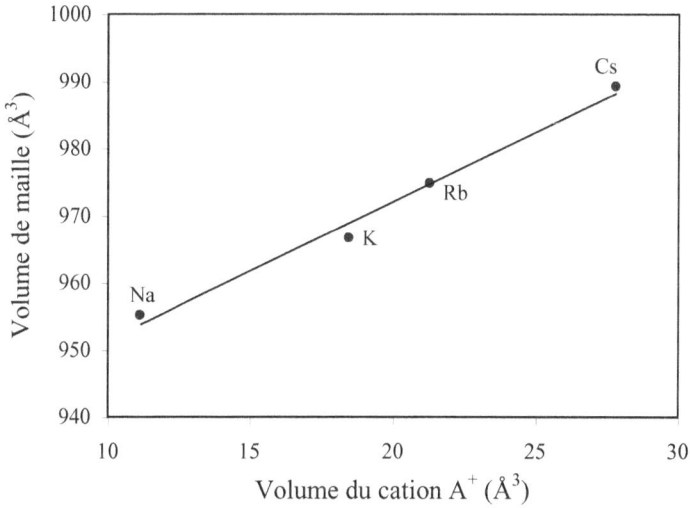

Figure V-3: Volume de maille en fonction du volume du cation A^+ pour les composés $ANb_6Cl_{12}O_6$

II. DETERMINATION STRUCTURALE DE $ANb_6Cl_{12}O_2$

Nous avons résolu en parallèle les structures de $CsNb_6Cl_{12}O_2$ et de $RbNb_6Cl_{12}O_2$ afin de mettre en évidence une éventuelle corrélation entre le rayon du cation et sa localisation dans le réseau de motifs.

II.1. Résolution de la structure de $CsNb_6Cl_{12}O_2$

L'enregistrement des intensités diffractées par un monocristal de $CsNb_6Cl_{12}O_2$ a été réalisé à l'aide du diffractomètre automatique Enraf Nonius CAD-4. Les caractéristiques du cristal et les paramètres expérimentaux de l'enregistrement sont résumés dans le Tableau IV-2. Les réflexions observées répondent aux conditions d'existence: $h0l$: $h + l = 2n$ ($h00$: $h = 2n$; $0k0$: $k = 2n$; $00l$: $l = 2n$) correspondant au groupe spatial $P2_1/c$ ($P12_1/n1$; No. 14).

Tableau IV-2: Caractéristiques du cristal et paramètres expérimentaux pour la détermination structurale de $CsNb_6Cl_{12}O_2$

Formule	$CsNb_6Cl_{12}O_2$
Masse molaire	1147,78 g.mole^{-1}
Système cristallin	Monoclinique
Groupe d'espace	$P2_1/c$ (No. 14, choix 2)
Paramètres de maille	a = 6,807(3) Å
	b = 11,714(2) Å
	c = 12,665(5) Å
	β = 101,60(2) °
Volume	V = 989,2(6) Å^3
Z	2
Densité calculée	3,853 g.cm^{-3}
Coefficient d'absorption linéaire	66,54 cm^{-1}
Taille du cristal	0,07 x 0,06 x 0,03 mm^3
Température	295 K
Diffractomètre	Enraf Nonius CAD-4
Limites d'enregistrement: θ_{max}	30°
h; k; l	$0 \leq h \leq 9$; $0 \leq k \leq 16$; $-17 \leq l \leq 17$
Nombre de réflexions enregistrées	3251
Nombre de réflexions indépendantes	2886 (R_{int} = 0,022)
Nombre de réflexions avec I > 3σ(I)	1749
Nombre de variables	101
Type d'affinement	F
Facteur de reliabilité (I > 3σ(I))	R = 0,045; Rω = 0,055
Facteur de pondération, ω	$4Fo^2/[\sigma^2(Fo^2) + (0,04Fo^2)^2]$
Validité de l'affinement, S	1,015
Pics résiduels (max. et min.)	1,3(3) et - 0,8(3) e$^-$.Å^{-3}

La structure cristalline a été résolue par les méthodes directes en utilisant le programme MULTAN 11/82 [IV.6]. Les positions atomiques et les facteurs de déplacement isotropes puis anisotropes ont été affinés à l'aide du programme MolEN [IV.7]. Tous les atomes sont situés sur des positions générales qui sont totalement occupées, à l'exception de celle du césium. Celui-ci a tout d'abord été placé en position $2d$ ($\frac{1}{2}$ 0 0) totalement occupée, ce qui a conduit à des paramètres de déplacements importants et à la présence de pics résiduels proches de ce site. Nous avons donc décalé le césium vers une position générale $4e$ proche de la position $2d$ et affiné son taux d'occupation. Ceci a conduit à des paramètres de déplacements raisonnables avec un facteur d'occupation du site du césium de 0,496(2). Finalement, la formule du composé déduite de ces résultats structuraux, $Cs_{0.992(4)}Nb_6Cl_{12}O_2$, n'est pas significativement différente de $CsNb_6Cl_{12}O_2$ que nous utiliserons par la suite. La série de Fourier différence tridimensionnelle calculée au stade final de l'affinement ne laisse apparaître que des pics résiduels faibles, proches de la position du niobium: 1,3 e⁻.Å⁻³ à 0,64 Å de Nb1 et -0,8 e⁻.Å⁻³ à 1,02 Å de Nb2.

Tableau IV-3: Paramètres atomiques et facteurs de déplacements atomiques isotropes équivalents, avec leurs écart-types, pour $CsNb_6Cl_{12}O_2$

Atome	Position de Wyckoff	τ^a	x	y	z	B_{eq} (Å^2)^b
Nb1	4e	1	0,3367(1)	0,13679(8)	0,42331(7)	0,50(1)
Nb2	4e	1	0,5544(1)	0,09043(8)	0,64513(7)	0,56(1)
Nb3	4e	1	0,7694(1)	0,05576(8)	0,46900(7)	0,52(1)
Cl1	4e	1	0,6152(4)	0,1961(2)	0,8310(2)	1,12(4)
Cl2	4e	1	0,2602(4)	0,0238(2)	0,7129(2)	1,11(4)
Cl3	4e	1	0,2473(4)	0,0555(2)	0,2419(2)	1,15(4)
Cl4	4e	1	0,8644(4)	0,1847(2)	0,6228(2)	1,10(4)
Cl5	4e	1	0,6300(4)	0,2353(2)	0,3706(2)	1,11(4)
Cl6	4e	1	0,8743(4)	0,2330(2)	0,0793(2)	1,18(4)
O	4e	1	0,082(1)	0,0783(6)	0,4564(5)	0,7(1)
Cs	4e	0,496(2)	0,4561(4)	0,0212(2)	0,0034(2)	4,39(5)

$^a\tau$ = facteur d'occupation du site ; $^bB_{eq}$ = 4/3 $\Sigma\Sigma a_i.a_j.\beta_{ij}$

Cluster Nb_6			
Nb1-Nb2	2,940(1)	Nb1-Nb1	4,153(2)
Nb1-Nb2	2,951(1)	Nb2-Nb2	4,178(2)
Nb1-Nb3	2,804(1)	Nb3-Nb3	4,114(3)
Nb1-Nb3	3,037(1)	Nb1-Nb2-Nb3	56,93(3)
Nb2-Nb3	2,930(1)	Nb1-Nb3-Nb2	61,87(3)
Nb2-Nb3	2,932(1)	Nb2-Nb1-Nb3	61,19(3)
Motif $[(Nb_6Cl^i_{10}O^i_2)O^a_2Cl^a_4]$			
Nb1-O^i	1,988(7)	Cl1-Nb1-O^i	84,4(2)
Nb1-Cl3	2,448(3)	Cl1-Nb1-Cl3	81,88(9)
Nb1-Cl5	2,510(3)	Cl1-Nb1-Cl5	87,40(9)
Nb1-Cl6	2,469(3)	Cl1-Nb1-Cl6	81,49(9)
Nb1-Cl1	2,600(3)		
Nb2-Cl2	2,459(3)	Cl1-Nb1-Cl2	80,14(9)
Nb2-Cl3	2,452(3)	Cl1-Nb1-Cl3	80,56(9)
Nb2-Cl4	2,448(3)	Cl1-Nb1-Cl4	84,65(9)
Nb2-Cl6	2,463(3)	Cl1-Nb1-Cl6	83,39(9)
Nb2-Cl1	2,618(3)		
Nb3-O^i	2,000(7)	O^a-Nb1-O^i	73,73(3)
Nb3-O^a	2,179(7)	Cl1-Nb1-Cl2	82,8(2)
Nb3-Cl2	2,455(3)	Cl1-Nb1-Cl4	83,0(2)
Nb3-Cl4	2,446(3)	Cl1-Nb1-Cl5	97,9(2)
Nb3-Cl5	2,530(3)		
Environnement du césium*			
Cs-Cl1	3,330(5)	Cs-Cl2	3,759(5)
Cs-Cl1	3,395(5)	Cs-Cl5	3,792(4)
Cs-Cl3	3,609(5)	Cs-Cl4	3,862(4)
Cs-Cl2	3,653(5)	Cs-Cl3	4,131(4)
Cs-Cl6	3,752(5)	Cs-Cl5	4,460(4)
Cs-Cl6	3,752(5)	Cs-Cl4	4,514(4)
Autres distances courtes			
Nb3-Nb3 intercluster	3,345(2)	Nb3-O-Nb3	106,2(3)
Nb1-Nb2 intercluster	4,858(2)	Nb1-Cl1-Nb2	137,1(1)
"Cs-Cs"	0,799(6)		
Cs-Nb2	4,654(4)		

*Ces distances correspondent à la moyenne des distances locales pour les sites vides et les sites occupés par le césium.

Les paramètres atomiques et les facteurs de déplacements isotropes équivalents sont donnés dans le Tableau IV-3. Les distances interatomiques et les angles de valence sont regroupés dans le Tableau IV-4.

II.2. Résolution de la structure de $RbNb_6Cl_{12}O_2$

La structure de $RbNb_6Cl_{12}O_2$ a été déterminée à partir de données enregistrées à l'aide d'un diffractomètre automatique Enraf Nonius KappaCCD. La stratégie de la collecte des données a été déterminée en utilisant le programme COLLECT [IV.8]. Un total de 140 images a été enregistré en utilisant $\Delta\Phi = 2°$ et $\Delta\omega = 2°$ avec un temps d'exposition de 30 s/deg. Finalement, 13468 réflexions ont été indexées, corrigées du facteur de Lorentz-polarisation et intégrées dans le système monoclinique ($P2$) par le programme DENZO [IV.9]. Une correction d'absorption empirique a été appliquée en utilisant le programme SORTAV [IV.10]. Les caractéristiques du cristal et les paramètres expérimentaux de l'enregistrement sont résumés dans le Tableau IV-5.

Les réflexions observées répondent aux mêmes conditions d'existence que pour $CsNb_6Cl_{12}O_2$. La résolution structurale a été effectuée dans le groupe spatial $P2_1/c$ par la méthode directe en utilisant le programme SHELXS-97 [IV.11] qui a également permis de moyenner les réflexions équivalentes. Ce composé est isotype de $CsNb_6Cl_{12}O_2$. Les coordonnées des positions atomiques et les facteurs de déplacements isotropes puis anisotropes ont été affinés à l'aide du programme SHELXL-97 [IV.12]. La série de Fourier différence tridimensionnelle calculée au stade final de l'affinement ne laisse apparaître que des pics résiduels proches de la position du niobium: $1,94$ e$^-$.$\mathring{A}^{-3}$ à $0,64$ $\mathring{A}$ de Nb2 et $-2,81$ e$^-$.$\mathring{A}^{-3}$ à $0,05$ $\mathring{A}$ de Nb3. Le facteur d'occupation du site du rubidium est de $0,408(4)$ ce qui conduit à la formule $Rb_{0,816(8)}Nb_6Cl_{12}O_2$. Par la suite ce composé sera noté $RbNb_6Cl_{12}O_2$.

Les paramètres atomiques et les facteurs de déplacements isotropes équivalents sont donnés dans le Tableau IV-6. Les distances interatomiques et les angles de valence sont regroupés dans le Tableau IV-7.

Tableau IV-5: Caractéristiques du cristal et paramètres expérimentaux pour la détermination structurale de $RbNb_6Cl_{12}O_2$

Formule	$RbNb_6Cl_{12}O_2$
Masse molaire	1100,33 g.mole^{-1}
Système cristallin	Monoclinique
Groupe d'espace	$P2_1/c$ (No. 14, choix 2)
Paramètres de maille	a = 6,8097(4) Å
	b = 11,6699(9) Å
	c = 12,5090(9) Å
	β = 101,337(4) °
Volume	V = 974,7(1) Å^3
Z	2
Densité calculée	3,695 g.cm^{-3}
Coefficient linéaire d'absorption	70,67 cm^{-1}
Taille du cristal	0,05 x 0,04 x 0,03 mm^3
Température	293(2) K
Diffractomètre	Enraf Nonius KappaCCD
Distance cristal – détecteur	25 mm
Limites d'enregistrement: θ_{max}	35°
h; k; l	$0 \leq h \leq 10$; $-17 \leq k \leq 18$; $-19 \leq l \leq 20$
Nombre de réflexions enregistrées	13468
Nombre de réflexions indépendantes	4223 (R_{int} = 0,1178)
Nombre de réflexions avec $I > 2\sigma(I)$	2062
Nombre de variables	101
Correction d'absorption	Empirique par SORTAV
Transmission relative	T_{min} = 0,967; T_{max} = 1,019
Type d'affinement	F^2
Facteur de reliabilité [$I > 2\sigma(I)$]	R_1 = 0,0595; wR_2 = 0,0905
Facteur de pondération, w	$1/[\sigma^2(Fo^2) + (0,0175P)^2]$
Validité d'affinement, S	1,052
Pics résiduels (max. et min.)	1,94 et -2,81 e$^-$.Å^{-3}

Tableau IV-6: Paramètres atomiques et facteurs de déplacements atomiques
isotropes équivalents, avec leurs écart-types, pour $RbNb_6Cl_{12}O_2$

Atome	Position de Wyckoff	τ^a	x	y	z	U_{eq} (Å)^b
Nb1	4e	1	0,3385(1)	0,1406(1)	0,4272(1)	0,014(1)
Nb2	4e	1	0,5558(1)	0,0859(1)	0,6500(1)	0,015(1)
Nb3	4e	1	0,7701(1)	0,0566(1)	0,4699(1)	0,014(1)
Cl1	4e	1	0,6224(3)	0,1856(2)	0,8419(2)	0,023(1)
Cl2	4e	1	0,2602(2)	0,0161(2)	0,7169(1)	0,022(1)
Cl3	4e	1	0,2498(3)	0,0648(2)	0,2423(2)	0,024(1)
Cl4	4e	1	0,8657(2)	0,1796(2)	0,6290(2)	0,022(1)
Cl5	4e	1	0,6334(2)	0,2401(2)	0,3767(2)	0,021(1)
Cl6	4e	1	0,8761(3)	0,2358(2)	0,0893(2)	0,023(1)
O	4e	1	0,0852(6)	0,0803(4)	0,4588(4)	0,018(1)
Rb	4e	0,408(3)	0,4353(6)	0,0350(3)	0,0093(3)	0,095(2)

$^a\tau$ = facteur d'occupation du site; $^bU_{eq} = 1/3\Sigma_i[\Sigma_j(U^{ij}a^*_ia^*_ja_ia_j)]$

II.3. Description de la structure

Les composés $ANb_6Cl_{12}O_2$ cristallisent selon un type structural original basé sur
la présence de motifs $[Nb_6Cl_{14}O_4]$ qui s'interconnectent pour former des chaînes reliées
entre elles par des ponts chlore.

II.3.1. Motif $[Nb_6Cl_{14}O_4]$

Les composés $ANb_6Cl_{12}O_2$ comportent des motifs $[(Nb_6Cl^i_{10}O^i_2)Cl^a_4O^a_2]$
représentés sur la Figure IV-4, localisés sur un centre de symétrie -1, en positions ½ 0
½ et 0 ½ 0 de la maille monoclinique (Figure IV-5). Dans chaque motif, dix atomes de
chlore et deux atomes d'oxygène pontent chacun une arête de l'octaèdre Nb_6, tandis que
deux atomes d'oxygène et quatre atomes de chlore apicaux complètent l'environnement
du cluster.

Tableau IV-7: Distances interatomiques (Å) et angles de valence (°) avec leurs écart-types pour $RbNb_6Cl_{12}O_2$

Cluster Nb_6			
Nb1-Nb2	2,9514(9)	Nb1-Nb1	4,1658(13)
Nb1-Nb2	2,9575(9)	Nb2-Nb2	4,1906(13)
Nb1-Nb3	2,8063(9)	Nb3-Nb3	4,1147(11)
Nb1-Nb3	3,0442(8)	Nb1-Nb2-Nb3	62,21(2)
Nb2-Nb3	2,9351(8)	Nb1-Nb3-Nb2	59,26(2)
Nb2-Nb3	2,9379(9)	Nb2-Nb1-Nb3	58,53(2)
Motif [(Nb$_6$Cl$^i_{10}$O$^i_2$)O$^a_2$Cl$^a_4$]			
Nb1-O^i	1,974(4)	Cl1-Nb1-O^i	85,11(14)
Nb1-Cl3	2,439(2)	Cl1-Nb1-Cl3	83,07(6)
Nb1-Cl5	2,5061(17)	Cl1-Nb1-Cl5	87,25(6)
Nb1-Cl6	2,460(2)	Cl1-Nb1-Cl6	80,82(6)
Nb1-Cl1	2,608(2)		
Nb2-Cl2	2,4646(17)	Cl1-Nb1-Cl2	80,92(6)
Nb2-Cl3	2,441(2)	Cl1-Nb1-Cl3	80,63(7)
Nb2-Cl4	2,4367(17)	Cl1-Nb1-Cl4	84,39(6)
Nb2-Cl6	2,457(2)	Cl1-Nb1-Cl6	83,89(7)
Nb2-Cl1	2,6247(19)		
Nb3-O^i	1,993(5)	O^a-Nb1-O^i	74,07(19)
Nb3-O^a	2,195(4)	Cl1-Nb1-Cl2	83,30(13)
Nb3-Cl2	2,4565(18)	Cl1-Nb1-Cl4	82,54(13)
Nb3-Cl4	2,435(2)	Cl1-Nb1-Cl5	98,06(13)
Nb3-Cl5	2,527(2)		
Environnement du rubidium*			
Rb-Cl1	3,185(4)	Rb-Cl4	3,720(4)
Rb-Cl1	3,246(4)	Rb-Cl6	3,785(4)
Rb-Cl3	3,414(4)	Rb-Cl6	3,871(5)
Rb-Cl5	3,539(4)	Rb-Cl3	4,303(4
Rb-Cl2	3,624(4)	Rb-Cl5	4,567(4)
Rb-Cl2	3,687(4)	Rb-Cl4	4,791(4)
Autres distances courtes			
Nb3-Nb3 intercluster	3,3455(12)	Nb3-O-Nb3	105,93(19)
Nb1-Nb2 intercluster	4,826(1)	Nb1-Cl1-Nb2	134,52(7)
Rb-Nb2	4,478(4)		
"Rb-Rb"	1.257(7)		

*Ces distances correspondent à la moyenne des distances locales pour les sites vides et les sites occupés par le rubidium.

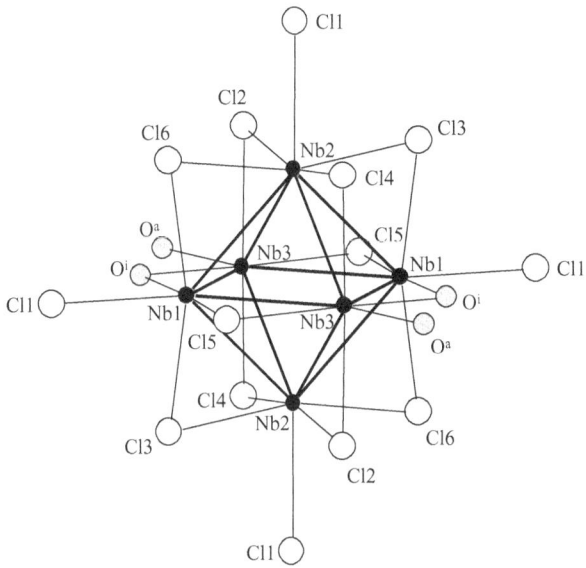

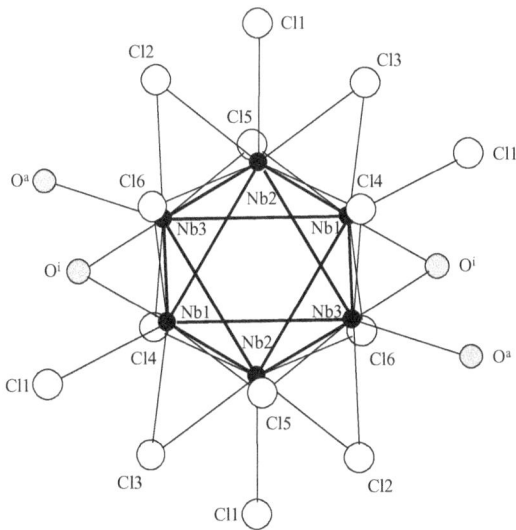

Figure IV-4: Motif $[(Nb_6Cl^i_{10}O^i_2)O^a_2Cl^a_4]$

Cristallographiquement les quatre ligands oxygène de ce motif sont équivalents si l'on tient compte des interconnexions entre les clusters comme nous le verrons ci-dessous. Cette répartition des quatre ligands oxygène entre les positions inner et apicales autour du cluster est tout à fait nouvelle pour ce type de composé. En effet, quatre ligands oxygène par motif ont déjà été observés récemment dans $Ti_2Nb_6Cl_{14}O_4$ [IV.13] et dans $Cs_2Ti_3(Nb_6Cl_{12,5}O_4)_2Cl_2$ [IV.14]. Cependant, dans ces deux derniers composés ils sont tous ordonnés en position inner, à l'inverse de ce que l'on observe dans $ANb_6Cl_{12}O_2$.

Le cluster octaédrique Nb_6 est formé à partir de trois atomes de niobium indépendants, situé chacun dans un environnement pyramidal différent: Nb1 est lié à trois Cl^i, un O^i et un Cl^a; Nb2 est lié à quatre Cl^i et un Cl^a et enfin Nb3 est lié à trois Cl^i, un O^i et un O^a. La différence entre les rayons de l'oxygène et du chlore induit une distorsion significative du cluster par effet de matrice: les plus courtes distances Nb-Nb correspondent à des liaisons pontées par le ligand oxygène, tandis que celles qui sont pontées par les ligands chlore sont plus longues. Ainsi, les distances métal-métal observées dans $CsNb_6Cl_{12}O_2$ varient de 2,804(1) Å à 3,037(1) Å, la distance moyenne étant de 2,932 Å. Dans le cas de $RbNb_6Cl_{12}O_2$, les distances Nb-Nb correspondantes sont très légèrement supérieures, la valeur moyenne étant de 2,939 Å. Ces valeurs sont tout à fait comparables à celles que l'on rencontre habituellement dans les composés à clusters octaédriques de niobium.

Dans $CsNb_6Cl_{12}O_2$, les distances $Nb-L^a$ sont plus longues que les distances $Nb-L^i$. En effet, $Nb-Cl^i$ et $Nb-Cl^a$ varient de 2,448(3) Å à 2,530(3) Å et de 2,600(3) Å à 2,618(3) Å respectivement, tandis que les distances Nb-O ont des valeurs de 1,988(7) Å et 2,000(7) Å pour $Nb-O^i$ et 2,179(7) Å dans le cas de $Nb-O^a$. Ce phénomène peut s'expliquer par la répulsion électrostatique et stérique exercée par les quatre ligands inner sur les ligands voisins en position apicale [IV.5]. Dans le cas de $RbNb_6Cl_{12}O_2$, les distances $Nb-L^i$ et $Nb-L^a$ sont identiques aux distances correspondantes dans $CsNb_6Cl_{12}O_2$, si l'on considère trois fois l'écart-type. Ces longueurs de liaison Nb-Cl et Nb-O sont proches de celles que l'on rencontre dans d'autres oxyhalogénures à clusters octaédriques de niobium [IV.15].

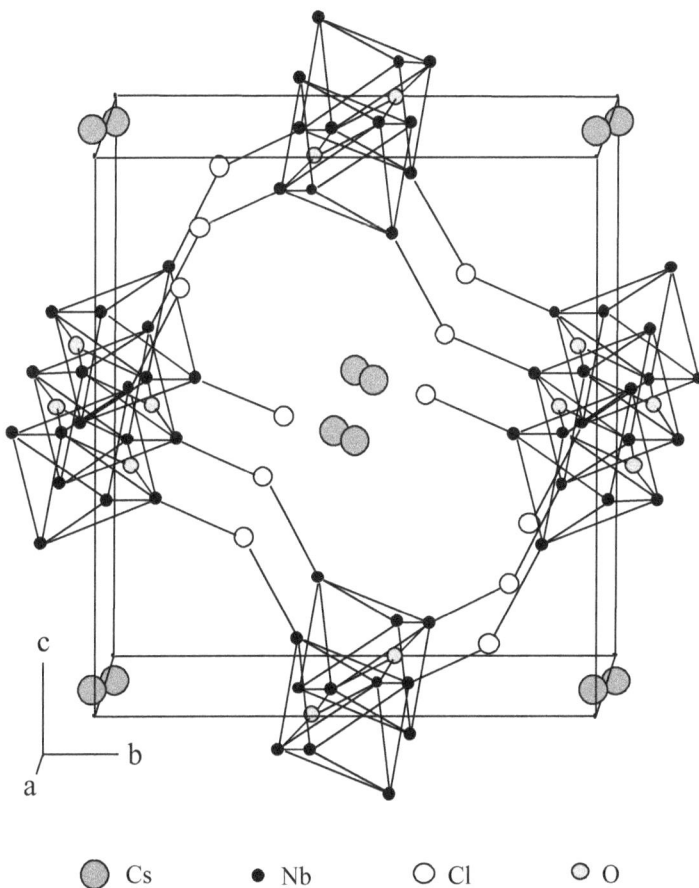

Figure IV-5: Maille élémentaire du composé CsNb$_6$Cl$_{12}$O$_2$. Pour plus de clarté, les atomes de chlore inner n'ont pas été représentés

II.3.2. Connexions entre les motifs

Dans ANb$_6$Cl$_{12}$O$_2$, chaque cluster Nb$_6$ est lié à six clusters voisins par mise en commun de deux ligands inner et six ligands apicaux (Figure IV-6). L'oxygène se comporte comme un ligand inner pour un cluster et apical pour le cluster voisin tandis que les quatre atomes de chlore apicaux pontent chacun deux clusters voisins. La formule développée du motif peut donc s'écrire: $[(Nb_6Cl^i_{10}O^{i-a}_{2/2})O^{a-i}_{2/2}Cl^{a-a}_{4/2}]$. Le même type de formule développée a été observé dans le chlorure de niobium, Nb_6Cl_{14}, $[(Nb_6Cl^i_{10}Cl^{a-i}_{2/2})Cl^{a-i}_{2/2}Cl^{a-a}_{4/2}]$ [IV.16] et dans le chlorure de zirconium, $Zr_6Cl_{14}C$, $[(Zr_6(C)Cl^i_{10}Cl^{i-a}_{2/2})Cl^{a-i}_{2/2}Cl^{a-a}_{4/2}]$ [IV.17]. Dans ces deux derniers composés, les ligands O^{i-a} et O^{a-i} présents dans $ANb_6Cl_{12}O_2$ sont remplacés par des ligands Cl^{i-a} ou Cl^{a-i}.

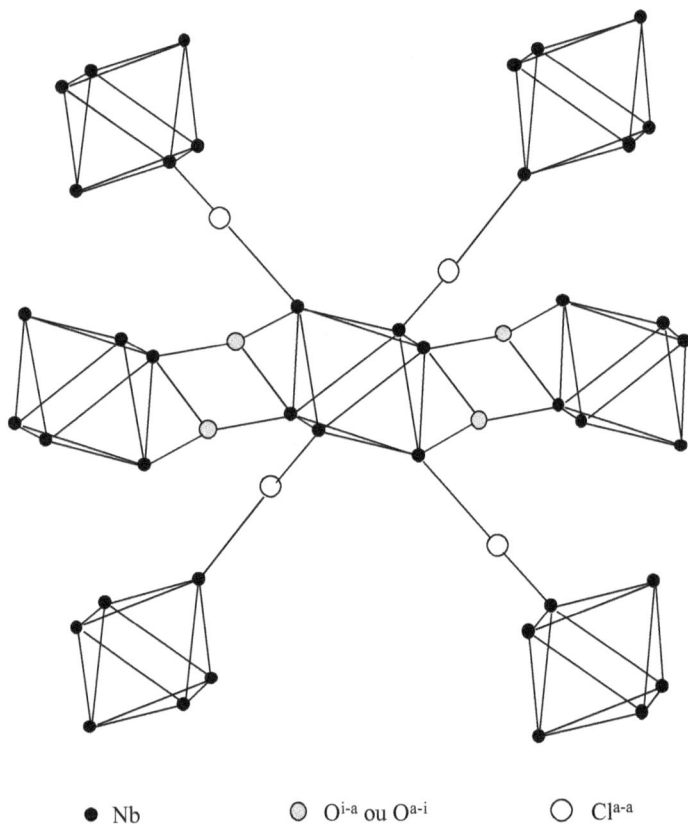

● Nb   ○ O^{i-a} ou O^{a-i} ○ Cl^{a-a}

Figure IV-6: Liaisons entre un cluster et les six clusters voisins

Cependant, l'arrangement des interconnexions par ces ligands Cl^{i-a} et Cl^{a-i} n'est pas le même que celui que l'on observe dans notre oxychlorure pour lequel les atomes de niobium et d'oxygène mis en jeu dans ces connexions se correspondent par un centre d'inversion. Les liaisons Nb1-Nb3 correspondantes sont parallèles et cet arrangement conduit à de courtes distances Nb3-Nb3 interclusters: 3,345(2) Å. En revanche, dans Nb_6Cl_{14} et $Zr_6Cl_{14}C$ les distances métal-métal interclusters sont nettement plus longues (cette différence sera discutée dans le chapitre VI).

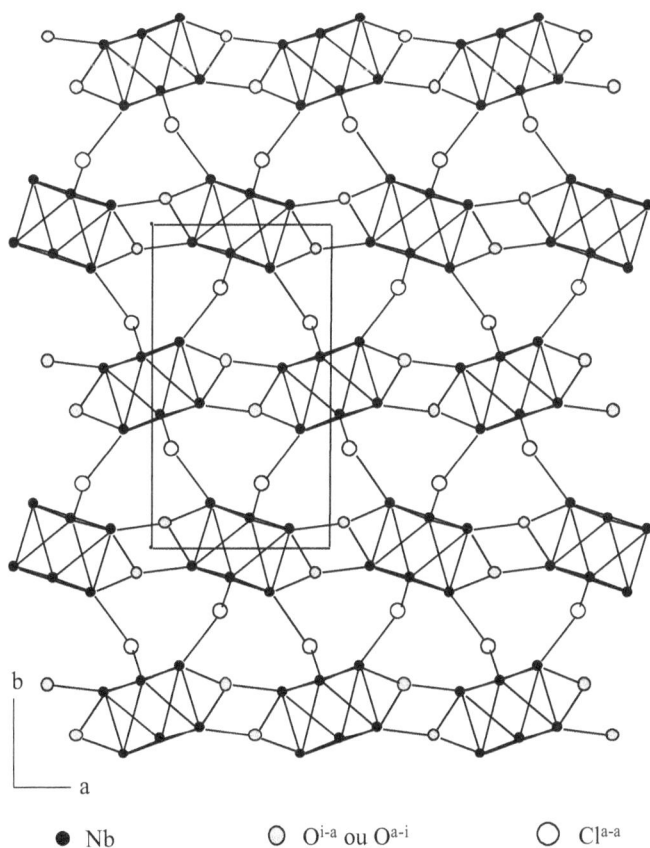

légende:
● Nb   ○ O^{i-a} ou O^{a-i} ○ Cl^{a-a}

Figure V-7: Projection de la structure de CsNb6Cl12O2 selon la direction [0 0 1]

Dans $ANb_6Cl_{12}O_2$ la connexion interclusters par les ligands O^{i-a} et O^{a-i} se développe selon une direction parallèle à l'axe a entraînant ainsi la formation de chaînes de motifs (Figure IV-7) à l'intérieur desquelles existent de courtes distances Nb-Nb interclusters. Ces chaînes sont reliées entre elles selon deux directions par des ligands chlore Cl^{a-a} avec une distance Nb1 - Nb2 interclusters de 4,858(2) Å et un angle Nb1-Cl1-Nb2 de 137,1(1)°. Ces connexions interclusters par quatre atomes de chlore Cl^{a-a} ont également été rencontrées dans d'autres oxychlorures de niobium (voir Figure I-7). Ainsi le composé $ScNb_6Cl_{13}O_3$ [IV.18], de formule développée $Sc[(Nb_6Cl^i_9O^i_3)Cl^a_2Cl^{a-a}_{4/2}]$, présente deux types de ponts Nb-Cl^{a-a}-Nb: le premier conduit à une distance de Nb-Nb interclusters de 4,587(2) Å avec un angle de 121,5(2)° et le second entraîne une distance Nb-Nb de 5,000(2) Å avec un angle de 152,6(2)°. Cette disposition conduit à la formation de pseudo-helices de motifs, chaque motif appartenant à deux hélices dont les axes sont parallèles ou perpendiculaires entre eux. Dans l'oxychlorure $Ti_2Nb_6Cl_{14}O_4$ [IV.13] qui présente le motif développé $[(Nb_6Cl^i_8O^i_4)Cl^a_2Cl^{a-a}_{4/2}]$, deux types de pont Nb-$Cl^{a-a}$-Nb avec des angles de 131° et 165° sont observés, entraînant la formation de couches de clusters.

II.3.3. Environnement du cation alcalin

Pour $CsNb_6Cl_{12}O_2$, le déplacement du césium de la position $2d$ vers la position générale $4e$ conduit à placer le césium dans deux sites distants seulement de 0,796 Å. Les résultats de l'affinement structural indiquent que ces deux sites ne sont qu'à demi occupés (49,6 % d'occupation) (Table IV-3), ce qui est en bon accord avec le fait qu'ils ne peuvent pas être occupés simultanément en raison de la trop courte distance qui les sépare. L'atome de césium est entouré de douze ligands chlore: deux atomes de chlore apicaux et dix atomes de chlore inner, appartenant à six clusters différents (Figure IV-8). Aucun atome d'oxygène ne participe à cet environnement. Les distances Cs-Cl varient de 3,330(5) Å à 4,514(4) Å (somme des rayons ioniques Cs^+ - Cl^- 3,69 Å [IV.19]). Rappelons que ces distances obtenues à partir des données structurales correspondent en fait à la moyenne des distances locales existant pour les sites vides et les sites pleins, ce qui ne permet pas leur discussion rigoureuse. Cependant, il est vraisemblable que les sites occupés par le césium sont plus volumineux que les sites vides ce qui pourrait conduire localement à une distorsion de la structure.

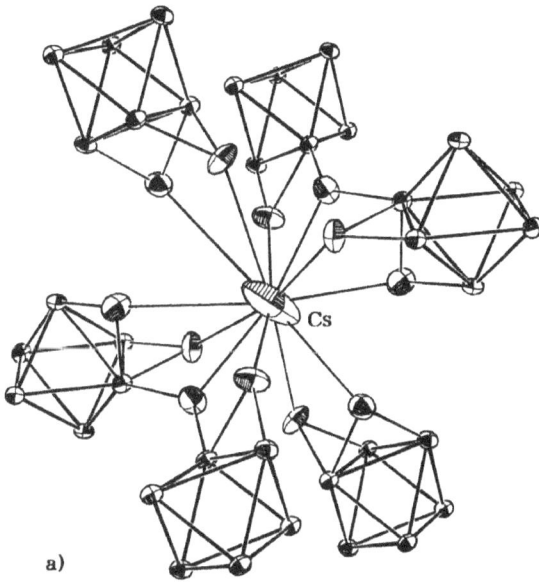

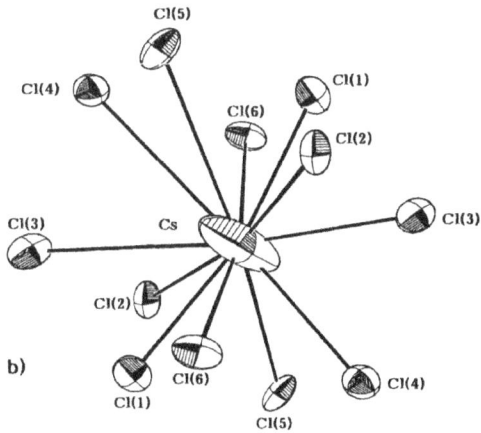

Figure IV-8: Environnement du césium, a) mise en évidence du site formé par
les motifs; b) sphère de coordination du césium

Dans le cas de RbNb$_6$Cl$_{12}$O$_2$, le taux d'occupation du site du rubidium est de 41 %, légèrement inférieur à celui du césium. Les deux sites du rubidium sont séparés de 1,257(7) Å, distance plus longue que celle que l'on obtient pour le césium. Si l'on compare à ce que l'on observe pour CsNb$_6$Cl$_{12}$O$_2$, les cations rubidium sont donc décalés par rapport à l'environnement de ligands, ce qui conduit à des distances Rb-Cl plus courtes et d'autres plus longues que dans le cas du césium: ces distances varient de 3,185(4) à 4,791(4) Å (somme des rayons ioniques Rb$^+$ - Cl$^-$: 3,53 Å [IV.19]). Comme pour le césium, les distances Rb-Cl correspondent à une moyenne entre les distances locales dans les sites vides et les sites pleins.

Lorsque le rayon du cation est faible, la phase apparaît plus difficile à stabiliser, en raison vraisemblablement d'un site trop volumineux par rapport à la taille du cation, comme nous l'avons mentionné ci-dessus pour le lithium. Dans le cas des oxybromures, ce site cationique serait encore plus volumineux, ce qui pourrait expliquer qu'aucune phase de cette série n'ait pu être stabilisée, même avec le césium.

Un site formé par douze ligands halogène appartenant à six clusters voisins, occupé par un cation alcalin, a déjà été observé dans les oxyhalogénures et les halogénures à motif Nb$_6$L$_{18}$, par exemple dans Cs$_2$UNb$_6$Cl$_{15}$O$_3$ [IV.20] et CsLuNb$_6$Cl$_{18}$ [IV.21]. Ce site est centré sur un axe 3 ou sur un centre de symétrie 32 dans ces deux phases respectivement, alors qu'il ne comporte aucun élément de symétrie dans ANb$_6$Cl$_{12}$O$_2$.

III. STRUCTURE ELECTRONIQUE

D'après la formule déduite des résultats structuraux, les oxychlorures ANb$_6$Cl$_{12}$O$_2$ présentent 15 électrons de valence par cluster Nb$_6$. C'est la première fois qu'un tel VEC de 15 est observé dans les oxyhalogénures à clusters octaédriques. La même valeur du VEC avait déjà été trouvée dans les halogénures de niobium et de tantale, comme par exemple LuNb$_6$Cl$_{18}$ [IV.22] et CsPbTa$_6$Cl$_{18}$ [IV.23]. Ces quinze électrons de valence se distribuent dans huit orbitales moléculaires métal-métal liantes dérivant de la configuration électronique: $a_{1g}{}^2$ $t_{1u}{}^6$ $t_{2g}{}^6$ $a_{2u}{}^1$ d'un motif M$_6$L$_{18}$ (voir chapitre I).

D'après un calcul théorique effectué sur les motifs M$_6$L$_{18}$ (M = Nb, Ta; L = Cl, Br) [IV.5], l'orbitale moléculaire métal-métal liante de symétrie a_{2u} présente un caractère M-L^i antiliant. La stabilisation de cette orbitale qui peut selon les cas être pleinement ou partiellement occupée, ou vacante, dépend donc de la nature du ligand inner. D'après les calculs théoriques et d'après les résultats expérimentaux obtenus pour $Cs_2LuNb_6Cl_{17}O$ (VEC = 16), la présence d'un seul oxygène inner par motif ne permet pas de la déstabiliser. De tels composés conservent des propriétés électroniques proches de celles que l'on rencontre pour les halogénures à motifs M_6L_{18} avec des VEC préférentiels de 15 et 16. En revanche, avec trois ligands oxygène inner ou plus par motif cette orbitale est déstabilisée et devient le niveau LUMO; le VEC préférentiel est alors de 14. C'est le cas des oxychlorures $ScNb_6Cl_{13}O_3$ (3 O^i) [IV.18], $Cs_2UNb_6Cl_{15}O_3$ (3 O^i) [IV.20], $Ti_2Nb_6Cl_{14}O_4$ (4 O^i) [IV.13], et ainsi que de nombreux oxydes à motifs Nb_6O_{12} comme par exemple $SrNb_8O_{14}$ [IV.24] ou $Ti_2Nb_6O_{12}$ [IV.25] (voir chapitre VI).

Les composés $AM_6Cl_{12}O_2$ comportent quatre atomes d'oxygène par motif, mais deux d'entre eux seulement sont en position inner. Le caractère antiliant Nb-O^i dû à ces deux ligands oxygène, n'est pas suffisant pour déstabiliser de façon notable l'orbitale a_{2u} et le diagramme d'orbitales moléculaires reste proche de celui des halogénures comme dans le cas de $Cs_2LuNb_6Cl_{17}O$ [IV.26]. C'est la raison pour laquelle nous observons des VEC de 15 et non de 14 pour cette série de composés.

Des calculs théoriques complémentaires ont été entrepris pour tenter de mettre en évidence d'éventuelles interactions entre les clusters par l'intermédiaire des ligands O^{i-a}, O^{a-i} dans les composés $ANb_6Cl_{12}O_2$, comme c'est le cas pour les phases de Chevrel qui présentent le même type de connexions interclusters. Les résultats ont montré qu'il n'y avait pas d'interaction notable entre clusters adjacents, ce qui justifie la description de la structure électronique de ces composés à partir d'un diagramme d'orbitales moléculaires d'un motif Nb_6L_{18} [IV.27].

IV. PROPRIETES MAGNETIQUES

Les propriétés magnétiques des composés $ANb_6Cl_{12}O_2$ avec A = Rb et Cs, ont été étudiées à l'aide d'un susceptomètre à SQUID à température variable. Des mesures de spectroscopie RPE en fonction de la température ont également été effectuées pour ces composés.

IV.1. Susceptibilité magnétique

Les mesures de susceptibilité magnétique de $CsNb_6Cl_{12}O_2$ ont été réalisées sur de la poudre entre 4 K et la température ambiante sous un champ de 1 kGauss. Les corrections diamagnétiques ont été calculées à partir du diamagnétisme des ions Cs^+, Cl^-, O^{2-} et du cluster Nb_6 [IV.28]. La Figure IV-9 représente la variation de la susceptibilité molaire corrigée (χ_M) en fonction de la température avec, en encart, l'inverse de la susceptibilité corrigée.

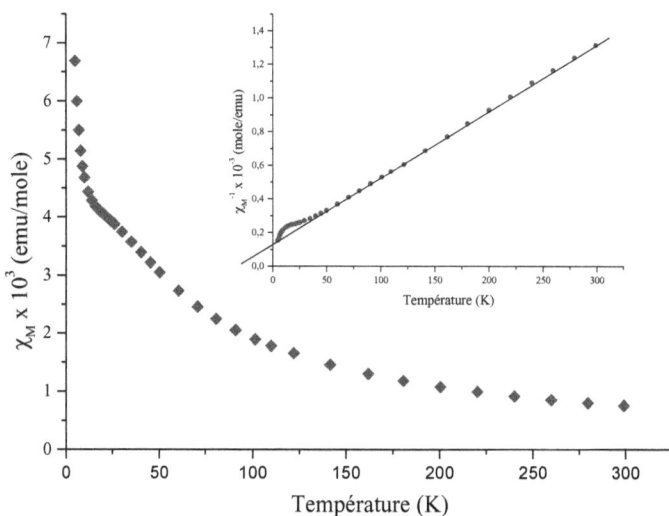

Figure IV-9: Susceptibilité magnétique molaire corrigée (χ_M) en fonction de la température pour le composé $CsNb_6Cl_{12}O_2$.
Encart: Inverse de la susceptibilité en fonction de la température

La susceptibilité magnétique de ce composé présente un comportement de type Curie-Weiss au dessus de 50 K avec $\chi_{300} = 7{,}63 \times 10^{-4}$ emu/mole. Le moment magnétique effectif (μ_{eff}) et la température de Curie paramagnétique (θ) calculée dans la gamme de température allant de 50 K à 300 K sont respectivement égaux à 1,42 μ_B et -33 K. La valeur négative de θ indique des interactions intermoléculaires antiferromagnétiques dans le composé. A basse température l'inverse de la susceptibilité en fonction de la température s'écarte de la linéarité à partir d'environ 50 K. Etant donné que le césium est un cation non magnétique, le moment magnétique observé est dû à l'électron célibataire localisé sur le cluster Nb_6 (VEC = 15). Cependant, la valeur de ce moment effectif expérimental est inférieure au moment théorique (1,73 μ_B) correspondant à un électron non apparié. Des valeurs comparables ont déjà été observées pour $LuNb_6Cl_{18}$ (1,50 μ_B) [IV.22] et $CsZr_6(C)I_{14}$ (1,48 μ_B) [IV.29] qui possèdent tous deux un électron célibataire par cluster. Une température de Curie paramagnétique relativement basse (θ = -36 K) a également été observée pour le composé $Sc_7I_{12}C$ [IV.30] dans lequel un électron non apparié est localisé sur le cluster.

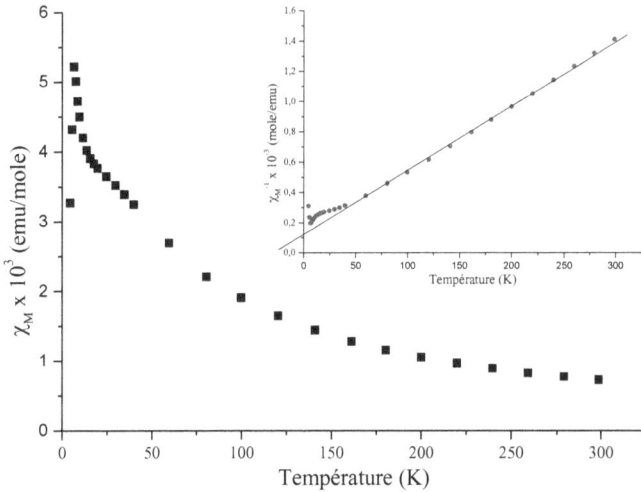

Figure IV-10: Susceptibilité magnétique molaire corrigée (χ_M) en fonction de la température pour le composé $RbNb_6Cl_{12}O_2$.
Encart: Inverse de la susceptibilité en fonction de la température

$RbNb_6Cl_{12}O_2$ présente le même comportement magnétique que $CsNb_6Cl_{12}O_2$ avec un moment effectif de 1,37 μ_B et une température de Curie paramagnétique de -25 K (Figure IV-10). En dessous de 50 K, le même comportement que pour $CsNb_6Cl_{12}O_2$ est observé avec cependant une chute de la susceptibilité à très basse température. Cette dernière est attribuable à la transition supraconductrice de traces de niobium difficiles à éliminer de l'échantillon. Une telle transition avait également été observée pour $CsNb_6Cl_{12}O_2$ lorsque le diagramme X mettait en évidence des traces de niobium, mais n'est pas observée lorsque l'échantillon est exempt d'une telle impureté.

Nous avons tenté d'expliquer, en collaboration avec le Professeur J.-Y. Pivan de l'ENSCR, le comportement magnétique particulier observé pour ces deux composés à basse température en tenant compte de l'organisation des clusters magnétiques selon des chaînes. Pour cela nous avons testé différents types d'interactions antiferromagnétiques: interactions entre dimères de clusters le long de la chaîne, interactions entre clusters selon le modèle de chaîne alternée, modèle de chaîne de clusters régulière, interactions entre deux chaînes adjacentes par l'intermédiaire des ponts chlore. Aucun de ces modèles n'a permis de rendre compte précisément de l'allure de la courbe $\chi = f(T)$ à basse température. Des mesures complémentaires sur monocristaux, que nous n'avons pas pu réaliser jusqu'à présent en raison de leurs trop faibles dimensions, seront nécessaires pour vérifier et tenter d'interpréter ce comportement.

IV.2. Etude par spectroscopie RPE

Des mesures par spectroscopie RPE ont été effectuées pour $CsNb_6Cl_{12}O_2$ échantillonné sous forme de poudre. Ces mesures ont été réalisées à une fréquence de 9,48 GHz et dans un champ magnétique de 3380 Gauss, entre la température ambiante et 4 K. Le spectre RPE enregistré à la température ambiante et à 4 K est représenté sur la Figure IV-11. Il met en évidence un signal d'intensité assez forte dès la température ambiante avec un facteur $g = 1,951$ et $\Delta H = 100$ Gauss. A une température de 4 K, ce signal présente une intensité plus forte sans changement de la valeur du facteur g. Ce facteur reste constant dans toute la gamme de température.

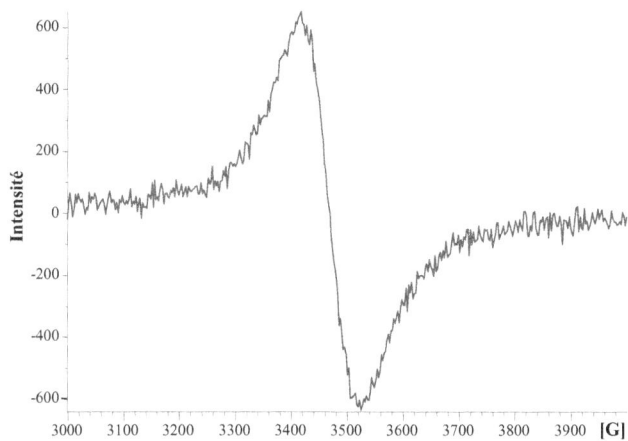

(a)

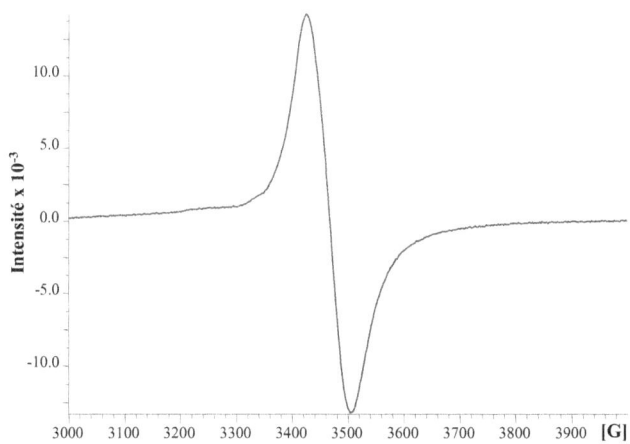

(b)

Figure IV-11: Spectre RPE de $CsNb_6Cl_{12}O_2$
(a) à la température ambiante et (b) à 4 K

Une valeur de g inférieure à 2 est généralement observée pour les composés à motifs Nb_6Cl_{18} dans lesquels le VEC est de 15, comme par exemple pour $(Et_4N)_3Nb_6Cl_{18}$ ($g = 1,9577$) [IV.31] et $[(Nb_6Cl_{12})Cl_2(P\text{-}n\text{-}Pr_3)_4]^+$ ($g = 1,95$) [IV.32]. Ce résultat a été attribué à un résidu de contribution orbitalaire au moment résultant, ce qui entraîne une valeur du moment magnétique effectif inférieure à celle du moment de spin seul. Cependant, cette valeur de g ne suffit pas à expliquer les faibles valeurs des moments effectifs que nous trouvons pour nos composés. La largeur du signal RPE que nous observons pour $CsNb_6Cl_{12}O_2$ est également comparable à celle que l'on rencontre pour d'autres composés à 15 électrons de valence par cluster, par exemple pour $(Et_4N)_3Nb_6Cl_{18}$ ($\Delta H = 115$ G).

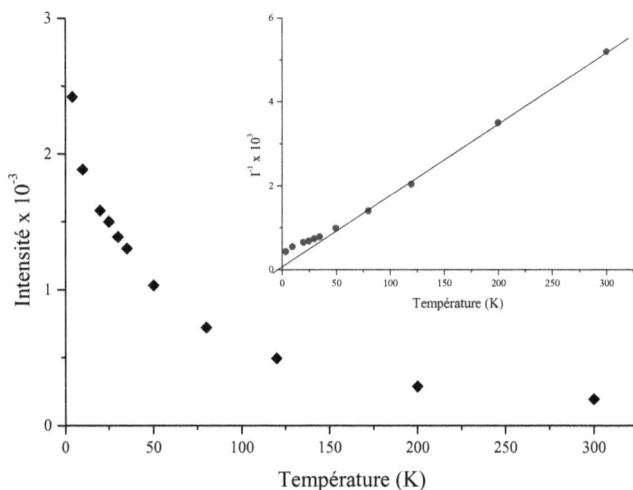

Figure IV-12: Variation de l'intensité du signal du RPE en fonction de la température pour $CsNb_6Cl_{12}O_2$

L'intensité du signal RPE de ce composé en fonction de la température est représentée sur la Figure IV-12 entre 4 K et la température ambiante. La courbe suit le même comportement que la susceptibilité magnétique observée pour ce composé et confirme que ce comportement est bien lié aux clusters magnétiques.

V. PROPRIETES ELECTRIQUES

Des tests préliminaires de mesures résistives effectués sur une pastille compactée de $CsNb_6Cl_{12}O_2$ de diamètre 6 mm et d'épaisseur 2 mm, mettent en évidence une forte résistance (typiquement de l'ordre de quelques centaines de $K\Omega$ à 300 K). L'impossibilité de réaliser des contacts de bonne qualité n'a pas permis d'accéder jusqu'à présent aux mesures à basses températures.

VI. CONCLUSION

La nouvelle série $AM_6Cl_{12}O_2$ comporte pour la première fois quatre ligands oxygène par motif M_6L_{18}, deux d'entre eux étant en positions inner, tandis que les deux autres sont en positions apicales, situation jamais observée jusqu'à présent pour le ligand oxygène dans les oxyhalogénures à clusters M_6. Ces derniers ligands sont également liés aux clusters adjacents selon une direction pour former des chaînes qui sont reliées entre elles par des ponts chlore. Ce type de connexion interclusters par des ligands O^{i-a}, O^{a-i} est tout à fait nouveau dans la chimie des oxyhalogénures à clusters octaédriques.

Ces nouveaux composés présentent 15 électrons de valence par cluster et comportent donc des clusters magnétiques. Ce sont les seuls oxyhalogénures à clusters Nb_6 ou Ta_6 connus avec un tel VEC.

CHAPITRE V

NOUVELLES SERIES D'OXYHALOGENURES A CLUSTERS OCTAEDRIQUES DE NIOBIUM PRESENTANT SIX OXYGENES PAR MOTIF M_6L_{18}

Après avoir isolé la série d'oxychlorures $AM_6Cl_{12}O_2$ détaillée dans le chapitre précédent, qui présente quatre ligands oxygène par motif, nous avons continué à augmenter le nombre d'atomes d'oxygène liés au cluster afin de se rapprocher des oxydes à clusters M_6 tant du point de vue structural que du point de vue électronique. Nous avons ainsi isolé deux nouvelles séries d'oxyhalogénures comportant pour la première fois six atomes d'oxygène par motif M_6L_{18}, que nous présenterons dans ce chapitre.

Une première partie sera consacrée à la préparation et à la caractérisation structurale de $Na_{0,21}Nb_6Cl_{10,5}O_3$ dans lequel les motifs comportent trois atomes d'oxygène en position inner et trois en position apicale avec des interconnexions similaires à celles que l'on a rencontrées dans $AM_6Cl_{12}O_2$, tandis que dans une deuxième partie, nous montrerons que la nouvelle série $A_xTR_3M_6X_{15}O_6$ est basée sur des motifs isolés comportant six ligands oxygène inner. Ces deux séries présentent des structure-types tout à fait originales dans la chimie des oxyhalogénures à clusters octaédriques.

I. OXYCHLORURE $Na_{0,21}Nb_6Cl_{10,5}O_3$

I.1. Préparation et caractérisation

Un monocristal de $Na_{0,21}Nb_6Cl_{10,5}O_3$ a été obtenu au cours d'une synthèse réalisée en vue d'isoler un nouveau composé dans le système Nb-Cl-O. La réaction a été effectuée à 650 °C pendant 24 heures à partir de poudre de Nb, Nb_2O_5 et $NbCl_5$. Des traces de NaF ont été rajoutées au mélange afin de favoriser éventuellement la cristallisation. Une microanalyse de ce monocristal, réalisée à l'aide de la sonde EDS, a mis en évidence la présence des éléments Na, Nb et Cl dans un rapport proche de

0,3 : 6 : 10 ainsi que de l'oxygène. Aucune trace de fluor ni d'aucun autre élément n'y a été détectée.

Nous avons par la suite tenté de préparer ce composé à l'état de poudre microcristalline ou sous forme de monocristaux en partant de mélanges, soit en proportions stœchiométriques soit hors stœchiométrie, avec ou sans ajout de NaF. Il n'a pas été possible d'obtenir ce composé à l'état pur, malgré de nombreuses modifications des différents paramètres expérimentaux. Les meilleures conditions correspondent à une température relativement basse: 580 °C. De nombreuses raies du diagramme de diffraction X de la phase sont superposées ou très proches de celles des phases secondaires qui se forment simultanément ($Na_4Nb_6Cl_{18}$ [V.1], NbO_2 [V.2], $NbOCl_2$ [V.3], Nb_3Cl_8 [V.4] et "$Nb_{22}Cl_{32}O_{13}$" (voir Annexe), ce qui rend très difficile la détection de cette nouvelle phase dans le produit obtenu. Notons qu'au cours de ces nombreuses préparations nous n'avons pas obtenu de monocristaux de taille suffisante pour des études par diffraction des rayons X.

Aucun composé de même structure que $Na_{0,21}Nb_6Cl_{10,5}O_3$ n'a été obtenu dans les autres systèmes Nb-O-Br, Ta-O-Cl et Ta-O-Br.

I.2. Résolution structurale de $Na_{0,21}Nb_6Cl_{10,5}O_3$

Les paramètres de maille de $Na_{0,21}Nb_6Cl_{10,5}O_3$ ont été déterminés sur le monocristal isolé dans les conditions indiquées ci-dessus et affinés à partir de 10 images obtenues à l'aide du diffractomètre KappaCCD. Ce composé cristallise dans le système trigonal.

L'étude structurale a été effectuée à partir des données enregistrées à l'aide du diffractomètre automatique Nonius KappaCCD. Un total de 373 images a été enregistré en utilisant les balayages $\Delta\Phi = 1,7$ ° et $\Delta\omega = 1,7$ ° avec un temps d'exposition de 15 s/deg. Finalement, 57972 réflexions ont été indexées, corrigées des facteurs de Lorentz-polarisation et intégrées dans le système cristallin trigonal ($R3$) par le programme DENZO [V.5].

Ces réflexions ont été mises à l'échelle et moyennées à l'aide du programme SCALEPACK [V.5]. Les réflexions observées répondent aux conditions d'existence: *hkil:* $-h + k + l = 3n$ et *hh2-hl:* ($l = 3n$) et *h-h0l:* ($h+l = 3n$); $l = 2n$. Les groupes d'espace correspondants ont été testés. Finalement, la structure a été résolue dans le groupe spatial R-$3c$. Un affinement dans le groupe $R3c$ met en évidence de fortes corrélations entre les paramètres atomiques, ce qui nous a conduit à rejeter ce groupe.

Tableau V-1: Caractéristiques du cristal et paramètres expérimentaux pour la détermination structurale de $Na_{0,21}Nb_6Cl_{10,5}O_3$

Formule	$Na_{0,21}Nb_6Cl_{10,5}O_3$
Masse molaire	$982,59$ g.mole^{-1}
Système cristallin	trigonal
Groupe d'espace	R-$3c$ (No. 167)
Paramètres de la maille hexagonale	a = $11,5048(1)$ Å c = $44,9446(7)$ Å
Volume de la maille hexagonale	$5151,88(10)$ Å^3
Z	12
Densité calculée	$3,804$ g.cm^{-3}
Coefficient d'absorption linéaire	$5,503$ mm^{-1}
Taille du cristal	$0,12 \times 0,10 \times 0,07$ mm^3
Température	$293(2)$ K
Diffractomètre	Enraf-Nonius KappaCCD
Limites d'enregistrement: θ_{max} h; k; l	$37,03$ ° $0 \le h \le 19$; $-16 \le k \le 0$; $-75 \le l \le 76$
Nombre de réflexions intégrées	5518
Nombre de réflexions indépendantes	2929
R_{int}	$0,0211$
Nombre de réflexions observées ($I > 2\sigma(I)$)	2416
Nombre de variables	63
Type d'affinement	F^2
Facteur de reliabilité ($I > 2\sigma(I)$)	$R_1 = 0,0416$; $wR_2 = 0,0940$
Facteur de reliabilité (pour toutes les donnés)	$R_1 = 0,0527$; $wR_2 = 0,0997$
Facteur de pondération, w	$1/[\sigma^2(Fo^2) + (0,048P)^2] + 92,28P$
Validité de l'affinement, S	$1,050$
Pics résiduels (max. et min.)	$1,892$ et $-2,360$ e$^-$.Å^{-3}

La structure cristalline a été résolue par les méthodes directes en utilisant le programme SIR-97 [V.6]. Les deux atomes de niobium et les trois atomes de chlore Cl1, Cl2 et Cl3 ainsi que l'oxygène ont été placés en position générale *36f*. Le chlore Cl4 et le sodium ont été placés en positions *18e* et *6a* respectivement. Les affinements sur F^2 ont été réalisés à l'aide du programme SHELXL-97 [V.7]. Tous les atomes ont été affinés anisotropiquement et occupent totalement leurs sites cristallographiques à l'exception du sodium dont le facteur d'occupation du site est 0,071(3), ce qui conduit à la formule $Na_{0,21(1)}Nb_6Cl_{10,5}O_3$. La série de Fourier différence tridimensionnelle calculée au stade final de l'affinement laisse apparaître des pics proches de la position du niobium Nb2: 1,89 e⁻.Å⁻³ à 0,10 Å et - 2,36 e⁻.Å⁻³ à 0,57 Å. Les caractéristiques du cristal et les paramètres expérimentaux de l'enregistrement des intensités diffractées sont résumés dans le Tableau V-1. Les paramètres atomiques et facteurs de déplacement isotropes équivalents sont donnés dans le Tableau V-2. Les distances interatomiques et les angles de valence sont regroupés dans le Tableau V-3.

I.3. Description de la structure de $Na_{0,21}Nb_6Cl_{10,5}O_3$

Ce composé présente un type structural original basé sur l'interconnexion de motifs $[Nb_6Cl_{12}O_6]$ selon des modes similaires à ceux que l'on a rencontrés pour $CsNb_6Cl_{12}O_2$, c'est à dire par mise en commun de ligands $O^{i\text{-}a}$, $O^{a\text{-}i}$ et $Cl^{a\text{-}a}$ entre motifs voisins.

I.3.1. Description du motif $[(Nb_6Cl_9O_3)O_3Cl_3]$

Le motif $[Nb_6Cl_{12}O_6]$, présent dans $Na_{0,21}Nb_6Cl_{10,5}O_3$, est représenté sur la Figure V-1. Ces motifs sont centrés sur l'axe ternaire (Figure V-2). L'octaèdre Nb_6 est lié à cinq ligands cristallographiquement indépendants: Cl1, Cl2, Cl3, Cl4 et O. Trois atomes d'oxygène et neuf atomes de chlore pontent chacun une arête de l'octaèdre Nb_6 tandis que trois oxygènes et trois chlores sont ordonnés en positions apicales, ce qui conduit pour le motif à la formule: $[(Nb_6Cl^i_9O^i_3)O^a_3Cl^a_3]$. C'est la première fois que six ligands oxygène par motif sont observés dans un oxychlorure à clusters Nb_6. L'arrangement des trois ligands oxygène inner, en situation *trans-* autour du cluster, est le même que celui qui avait été observé dans $Cs_2UNb_6Cl_{15}O_3$ [V.8]. Cet arrangement est différent de celui qui existe pour le composé $ScNb_6Cl_{13}O_3$ [V.9] dans lequel trois ligands oxygène inner sont répartis en situation *cis-* autour du cluster octaédrique (voir chapitre VI).

Tableau V-2: Paramètres atomiques et facteurs de déplacements atomiques isotropes équivalents, avec leurs écart-types, pour $Na_{0,21}Nb_6Cl_{10,5}O_3$

| Atome | Position de Wyckoff | Multiplicité[a] | | x | y | z | U_{eq} (Å^2)[b] |
		du site	affinée				
Nb1	*36f*	1	-	0,4930(1)	0,6877(1)	0,0485(1)	0,010(1)
Nb2	*36f*	1	-	0,3785(1)	0,5420(1)	-0,0032(1)	0,011(1)
Cl1	*36f*	1	-	0,5209(1)	0,7133(1)	-0,0402(1)	0,016(1)
Cl2	*36f*	1	-	0,4920(1)	0,8489(1)	0,0836(1)	0,018(1)
Cl3	*36f*	1	-	0,6680(1)	0,8841(1)	0,0211(1)	0,016(1)
Cl4	*18e*	0,5	-	⅔	0,6822(1)	1/12	0,019(1)
O	*36f*	1	-	0,5292(2)	0,5707(2)	0,0229(1)	0,012(1)
Na	*6a*	0,167	0,071(3)	⅓	⅔	-1/12	0,035(4)

[a]taux d'occupation du site = multiplicité affinée/multiplicité du site
[b]$U_{eq} = 1/3\Sigma_i[\Sigma_j(U^{ij}a^*_ia^*_ja_ia_j)]$

Le cluster Nb_6 est construit à partir de deux atomes de niobium indépendants cristallographiquement, formant deux triangles équilatéraux $(Nb1)_3$ et $(Nb2)_3$, pontés chacun par des atomes de chlore, dans lesquels les distances Nb-Nb sont respectivement 2,9939(5) Å et 3,0364(5) Å. Les arêtes reliant ces deux triangles sont pontées alternativement par des atomes d'oxygène et de chlore, avec des distances Nb-Nb de 2,7825(4) Å et 3,0308(4) Å, la plus courte distance correspondant aux arêtes pontées par l'oxygène. L'ensemble de ces valeurs montre que le cluster est significativement déformé avec une distance moyenne Nb-Nb de 2,9609 Å. Cette valeur est légèrement supérieure à celle que l'on observe dans les autres oxychlorures de niobium possédant trois ligands oxygène inner par motif, comme par exemple $Cs_2UNb_6Cl_{15}O_3$ (dNb-Nb = 2,948 Å).

Chacun des atomes de niobium formant le cluster Nb_6 est ainsi situé dans un site pyramidal différent: Nb1 est lié à trois Cl^i, un Cl^a et un O^i tandis que Nb2 est lié à trois

Cl^a, un O^i et un O^a. Les trois ligands O^a sont localisés d'un côté de l'octaèdre Nb_6 tandis que les trois ligands Cl^a sont situés de l'autre côté.

Tableau V-3: Distances interatomiques (Å) et angles de valence (°) avec leurs écart-types pour $Na_{0,21}Nb_6Cl_{10,5}O_3$

Cluster Nb_6			
Nb1-Nb1	2,9939(5) x3	Nb1-Nb1-Nb2	63,172(10)
Nb1-Nb2	2,7825(4) x3	Nb1-Nb1-Nb2	55,008(9)
Nb1-Nb2	3,0308(4) x3	Nb1-Nb2-Nb1	61,820(12)
Nb2-Nb2	3,0364(5) x3	Nb1-Nb2-Nb2	62,602(9)
Nb1-Nb2	4,1795(4) x3	Nb2-Nb1-Nb2	62,803(12)
		Nb1-Nb2-Nb2	54,595(9)
Motif $[(Nb_6Cl^i{}_9O^i{}_3)O^a{}_3Cl^a{}_3]$			
Nb1-O^i	1,967(2)	Cl4-Nb1-O^i	84,57(7)
Nb1-Cl2	2,4403(9)	Cl4-Nb1-Cl2	85,62(3)
Nb1-Cl2	2,4450(9)	Cl4-Nb1-Cl2	76,25(2)
Nb1-Cl3	2,4748(9)	Cl4-Nb1-Cl3	92,17(2)
Nb1-Cl4	2,5640(6)		
Nb2-O^i	1,982(2)	O^a-Nb2-O^i	72,58(10)
Nb2-O^a	2,228(2)	O^a-Nb2-Cl1	82,99(7)
Nb2-Cl1	2,4703(9)	O^a-Nb2-Cl1	98,91(6)
Nb2-Cl1	2,5132(9)	O^a-Nb2-Cl3	87,39(7)
Nb2-Cl3	2,4511(8)		
Environnement du sodium*			
Na-Cl1	2,7470(9) x6	Cl1-Cl1-Cl1	60
Cl1-Na-Cl1	75,68(3)	Cl1-Na-Cl1	93,07(3)
Autres distances courtes			
Nb2-Nb2 intercluster	3,3966(6)	Nb2-O-Nb2	107,42(10)
Nb1-Nb2 intercluster	4,1490(4)	Nb1-O-Nb2	162,91(13)
Nb1-Nb1 intercluster	4,6674(6)	Nb1-Cl4-Nb1	131,06(5)
Na-Nb2	4,0044(3)	Na-Cl1-Nb2	100,13(3)

*Ces distances correspondent à la moyenne des distances locales pour les sites vides et les sites occupés par le sodium.

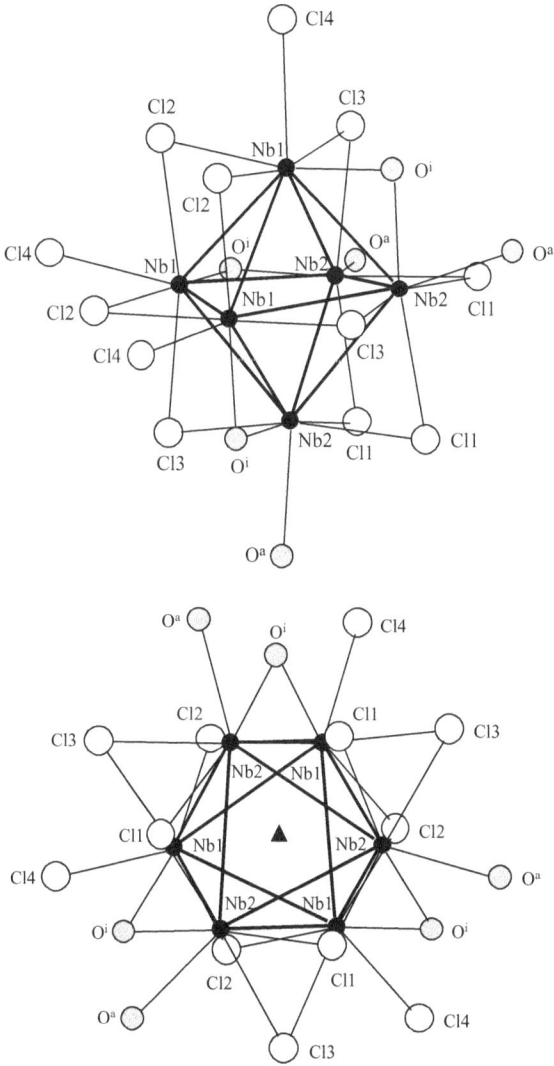

Figure V-1: Motif $[(Nb_6Cl^i_9O^i_3)O^a_3Cl^a_3]$ dans $Na_{0,21}Nb_6Cl_{10,5}O_3$

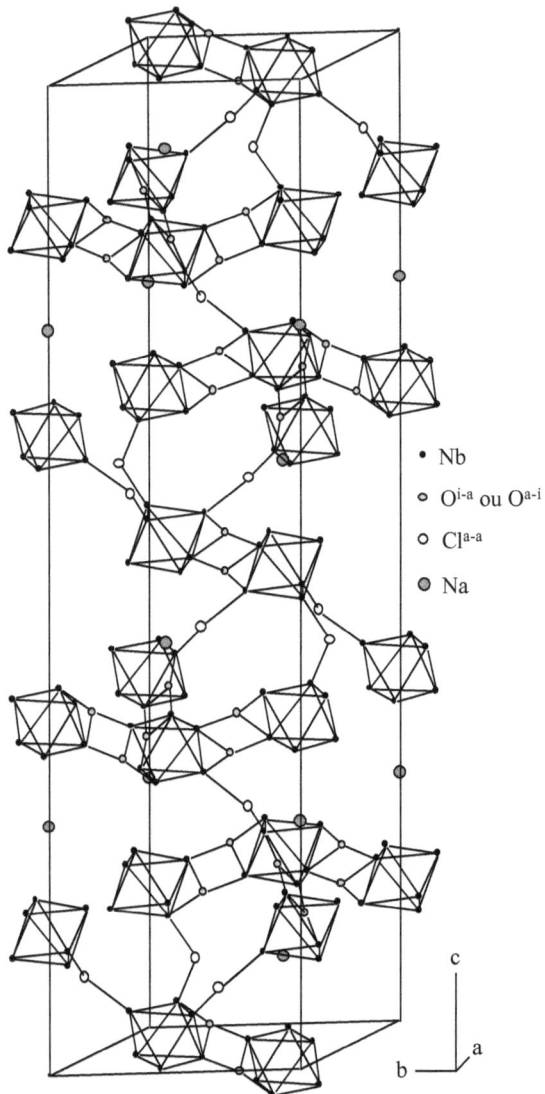

Figure V-2: Maille élémentaire du composé $Na_{0,21}Nb_6Cl_{10,5}O_3$.
Pour plus de clarté, les atomes de chlore inner n'ont pas été représentés

Légende:
- • Nb
- ⊙ O^{i-a} ou O^{a-i}
- ○ Cl^{a-a}
- ◉ Na

Les distances $Nb-Cl^i$ varient de 2,4403(9) Å à 2,5132(9) Å avec une valeur moyenne de 2,4658 Å tandis que la distance $Nb-O^i$ est de 1,975(2) Å, valeurs en bon accord avec les données de la littérature [V.10-V.12]. Les distances $Nb-L^a$ de 2,5640(6) Å et 2,228(2) Å pour L = Cl et O respectivement sont plus longues que les distances $Nb-L^i$, comme cela est observé habituellement pour les composés à clusters (voir chapitres précédents).

I.3.2. Connexions entre les motifs

L'interconnexion des motifs est assurée par la mise en commun de tous les ligands apicaux et de trois ligands oxygène inner entre motifs adjacents. Chaque cluster est ainsi relié à six clusters voisins par l'intermédiaire de trois ligands Cl^{a-a} et trois paires de ligands O^{i-a}, O^{a-i} (Figure V-3). Ce dernier type de connexion entraîne de courtes distances niobium-niobium interclusters (3,3966(6) Å). Cet arrangement conduit à la formule développée du motif: $[(Nb_6Cl^i_9O^{i-a}_{3/2})O^{a-i}_{3/2}Cl^{a-a}_{3/2}]$.

Ces types de connexions entre les motifs sont les mêmes que ceux que l'on observe pour $CsNb_6Cl_{12}O_2$. Cependant, tandis que dans ce dernier composé les connexions par les ligands O^{i-a}, O^{a-i} se développent selon une direction conduisant à des chaînes de motifs reliées entre elles par les atomes de chlore Cl^{a-a}, dans $Na_{0,21}Nb_6Cl_{10,5}O_3$, les trois interconnexions par les ligands O^{i-a}, O^{a-i} se développent d'un côté du cluster et les trois ponts Cl^{a-a} du côté opposé, et ceci de façon alterné d'un cluster à l'autre. Finalement cette disposition conduit à la formation de pseudo-couches de clusters interconnectés par les ligands oxygène, se développant parallèlement au plan (*ab*). Selon la direction de l'axe *c*, ces dernières sont reliées entre elles par les ligands chlore Cl^{a-a} (Figures V-4 et V-5) et par les atomes de sodium. L'ensemble constitue un réseau de motifs tridimensionnel.

Des connexions intermotifs par trois ligands chlores Cl^{a-a} ont également été rencontrées dans $Cs_2Ti_3(Nb_6Cl_{12,5}O_4)_2Cl_2$ [V.13] dont la formule développée du motif est $[(Nb_6Cl^i_8O^i_4)Cl^a_3Cl^{a-a}_{3/2}]$. Dans ce dernier composé, chaque cluster partage ses trois ligands apicaux de chlore avec trois clusters adjacents pour former une couche de clusters présentant une topologie que l'on peut comparer à celle du graphite. Dans $Na_{0,21}Nb_6Cl_{10,5}O_3$, une topologie similaire, mais faisant intervenir les ligands O^{i-a}, O^{a-i} et non pas Cl^{a-a}, est rencontrée dans les couches de motifs (Figure V-5).

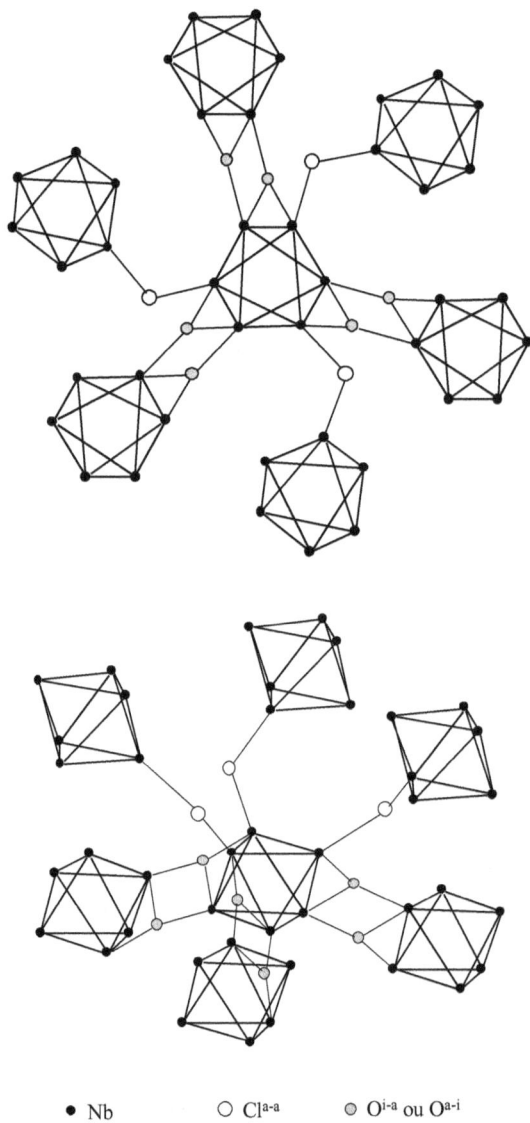

● Nb   ○ Cl$^{a\text{-}a}$ ◎ O$^{i\text{-}a}$ ou O$^{a\text{-}i}$

Figure V-3: Liaisons entre un cluster et les six clusters voisins

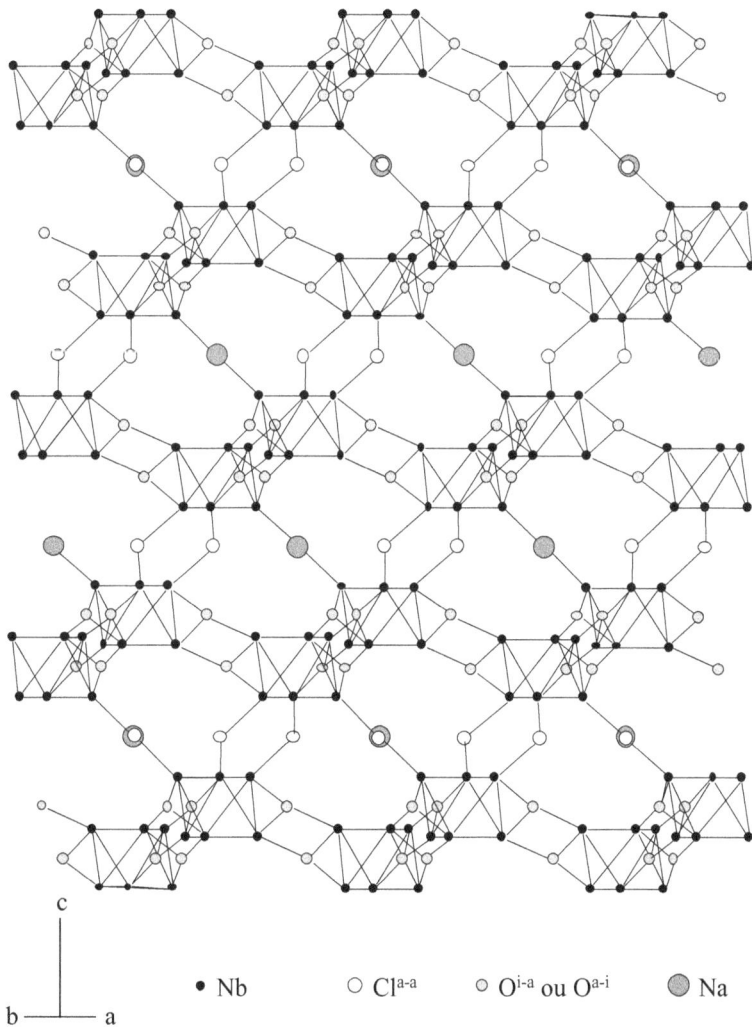

Figure V-4: Connexions intermotifs: projection de la structure sur
le plan (1 1 0). Les ligands inner n'ont pas été représentés

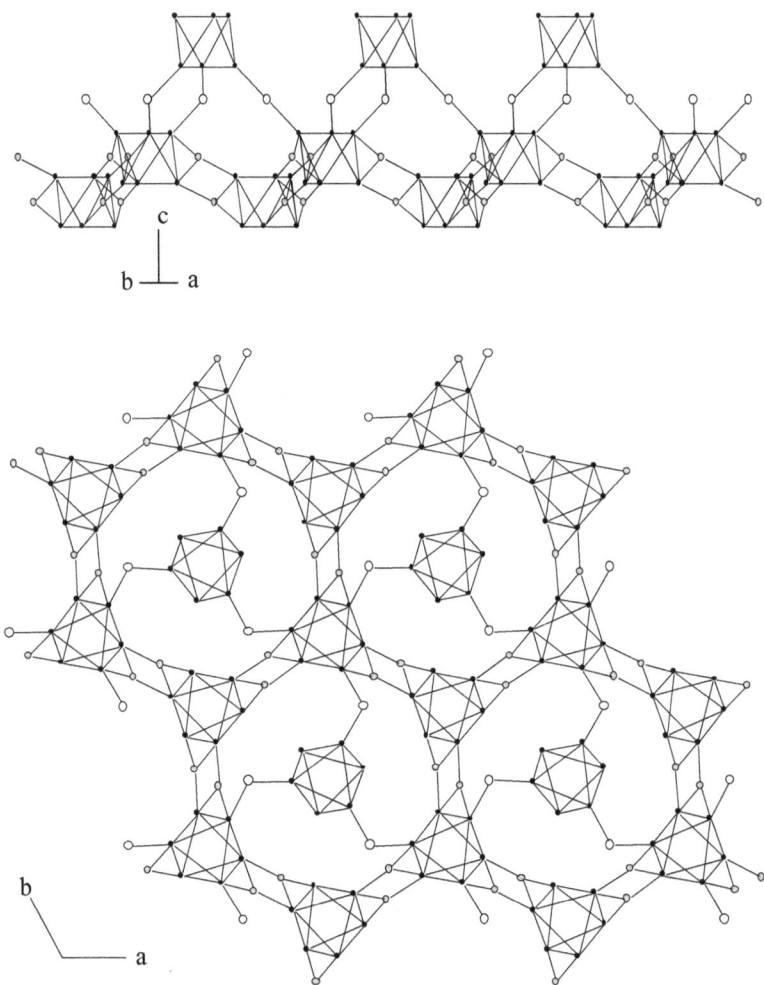

Figure V-5: Liaisons entre un pseudo-feuillet de motifs et les clusters du feuillet adjacent par l'intermédiaire des ligands Cl^{a-a}

I.3.3. Environnement du sodium

L'atome de sodium est situé sur l'axe ternaire de la maille (Figure V-2) en position particulière $6a$. Si cette position était totalement occupée par le sodium, la stœchiométrie du composé serait $Na_{0,5}Nb_6Cl_{10,5}O_3$. En fait, ce site n'est occupé que dans une proportion de 42,6 %, ce qui conduit à 0,21 Na par formule. L'atome de sodium est entouré de six ligands chlore inner Cl1 appartenant à deux motifs voisins (Figure V-6), formant un site pseudo-prismatique. La distance Na-Cl de 2,7470(9) Å correspond en fait à la distance moyenne entre celle que l'on observe pour un site vide et un site occupé par le sodium. Cette distance est très proche de la somme des rayons ioniques de Na^+ (1,02 Å) et de Cl^- (1,81 Å) [V.14]. On peut donc supposer que les volumes de ces deux sites (vide et plein) sont très voisins et que la présence du sodium n'entraîne pas de distorsion locale importante de la structure.

Selon la direction de l'axe c, les clusters se connectent donc les uns aux autres par l'intermédiaire de $NaCl_6$. Cette sphère de coordination du sodium est différente de celle que l'on observe dans le composé $CsNb_6Cl_{12}O_2$ pour le césium qui est environné par douze ligands chlore appartenant à six clusters adjacents (voir chapitre IV).

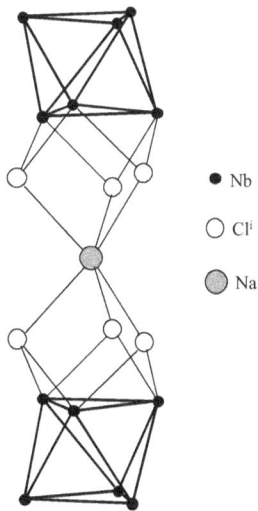

● Nb

○ Cl^i

◉ Na

Figure V-6: Environnement du sodium

I.4. Structure électronique

D'après sa formule, le composé $Na_{0,21}Nb_6Cl_{10,5}O_3$, contenant des motifs $[Nb_6Cl_{12}O_6]$ de symétrie C_3, possède formellement un VEC de 13,71, valeur très voisine de 14 que l'on rencontre habituellement pour les oxyhalogénures à clusters M_6 présentant trois ligands oxygène inner ou plus par motif. Une orbitale de symétrie a, dérivant de l'orbitale a_{2u} du motif M_6L_{18}, devient le niveau LUMO. Ceci confirme que trois ligands oxygène inner par motif peuvent déstabiliser cette orbitale qui est un niveau HOMO dans $CsNb_6Cl_{12}O_2$ et devient le niveau LUMO dans le cas de $Na_{0,21}Nb_6Cl_{10,5}O_3$. Notons que la distance moyenne Nb-Nb intracluster dans $Na_{0,21}Nb_6Cl_{10,5}O_3$ (2,961 Å) est légèrement supérieure à celle que l'on rencontre pour $ScNb_6Cl_{13}O_3$ (2,944 Å) [V.9] et $Cs_2UNb_6Cl_{15}O_3$ (2,948 Å) [V.8] avec des VEC de 14 et qui contiennent également trois ligands oxygène inner par motif. Ce résultat est en accord avec un nombre d'électrons globalement plus faible dans les niveaux métal-métal liants pour $Na_{0,21}Nb_6Cl_{10,5}O_3$ que pour ces deux derniers composés. Il faudrait donc supposer qu'un certain nombre de clusters présents dans la structure possèderaient un VEC de 13. Une telle valeur du VEC a déjà été rencontrée pour KNb_8O_{14} [V.15] et $Cs_2BaNb_6Cl_{15}O_3$ [V.16].

Note: Etant donné les conditions dans lesquelles nous avons obtenu le cristal utilisé pour la détermination structurale, on pourrait supposer que dans la structure, 0,29 atomes d'oxygène seraient remplacés statistiquement par du fluor, ce qui conduirait à un VEC entier de 14. Plusieurs considérations sont en défaveur de cet argument:
-   le fluor n'a pas été détecté dans le cristal par la microsonde EDS, dans la limite de la sensibilité de la méthode;
-   jusqu'à présent, dans tous les composés connus à cluster Nb_6, il n'a jamais été trouvé de ligand fluor en position L^{i-a} ou L^{a-i} [V.17,V.18];
-   les distances Nb-Nb intracluster observées indiquent bien un VEC inférieur à 14 comme nous l'avons mentionné ci-dessus.

Par ailleurs, aucun défaut d'électrons n'a été constaté sur les positions des différents atomes de chlore au cours de la résolution structurale, ce qui nous conduit également à rejeter l'hypothèse d'une distribution aléatoire d'un certain taux de fluor sur les positions de chlore, ce qui n'entraînerait du reste pas de modification du VEC.

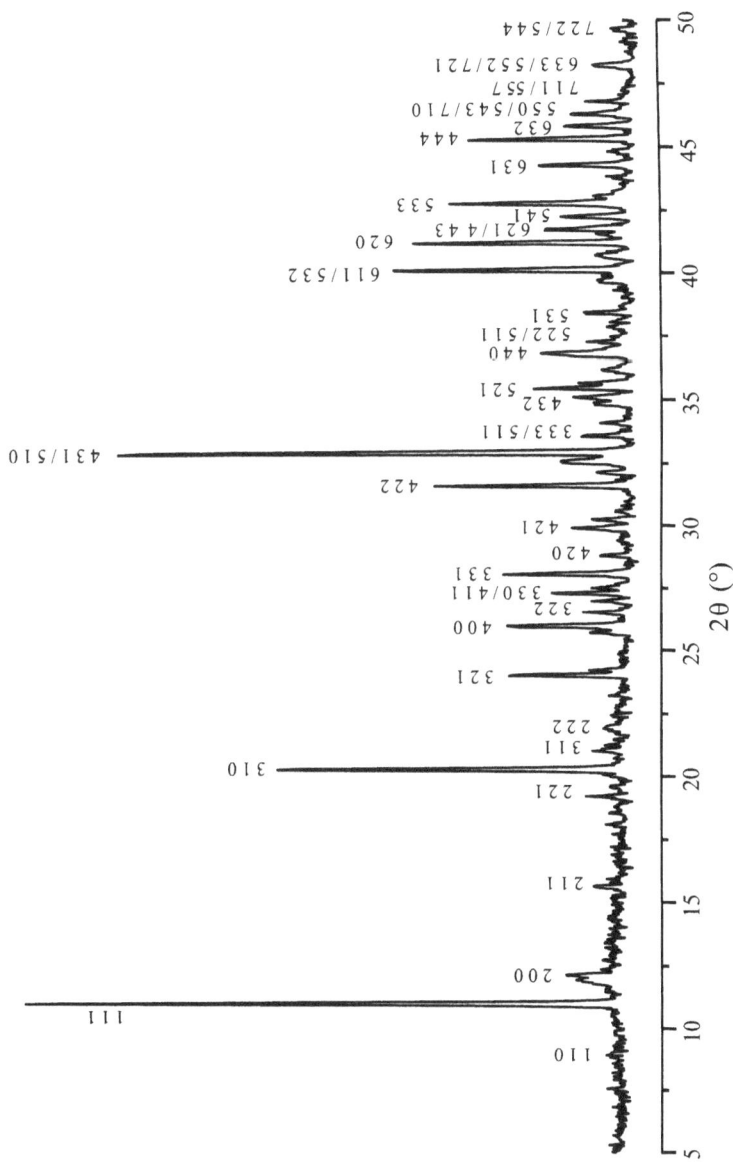

Figure V-7 : Diagramme de diffraction des rayons X du composé PbLu$_3$Nb$_6$Cl$_{15}$O$_6$

II. OXYHALOGENURES $A_xTR_3M_6X_{15}O_6$

II.1. Préparation et caractérisation de $PbTR_3M_6X_{15}O_6$

La synthèse de cette série de composés a été réalisée à partir d'un mélange en proportions stœchiométriques de PbO, TR_2O_3, M, M_2O_5 et MX_5 (TR = terre rare, M = Nb, Ta et X = Cl, Br) selon la réaction suivante.

$$10 \text{ PbO} + 15 \text{ TR}_2O_3 + 28 \text{ M} + M_2O_5 + 30 \text{ MX}_5 \rightarrow 10 \text{ PbTR}_3M_6X_{15}O_6$$

Figure V-8: Photographie d'un cristal de $PbLu_3Nb_6Cl_{15}O_6$

La poudre est pastillée et placée dans un tube de silice scellé sous vide. La réaction s'effectue pendant 24 heures à 680 °C, à l'exception de l'oxybromure de niobium qui est préparé à une température plus élevée, 750 °C. Les composés obtenus, stables à l'air, se présentent sous forme d'une poudre microcristalline de couleur brun noire dans le cas du niobium et verte dans le cas du tantale. Les diagrammes de diffraction X, qui s'indexent dans le système cubique, mettent en évidence des pics supplémentaires de faible intensité correspondant à des phases que nous n'avons pas pu identifier. Celui de $PbLu_3Nb_6Cl_{15}O_6$ est représenté sur la Figure V-7. La modification de nos conditions de synthèse n'a pas permis d'obtenir des composés parfaitement purs. Des monocristaux ont été préparés en prolongeant le temps de réaction d'une semaine et en partant d'un mélange de produits de départ non pastillé. L'étude morphologique et l'analyse de ces monocristaux ont été réalisées à l'aide du microscope électronique à balayage. Les cristaux se présentent sous forme d'octaèdres tronqués (Figure V-7) qui se composent de Pb : TR : M : X dans un rapport proche de 1 : 3 : 6 : 15 ainsi que d'oxygène.

Tableau V-4: Paramètre et volume de maille des composés $PbTR_3M_6X_{15}O_6$

Composé	a (Å)	Volume (Å^3)
$PbLu_3Nb_6Cl_{15}O_6$	13,8327(4)	2646,8(1)
$PbYb_3Nb_6Cl_{15}O_6$	13,842(6)	2652(2)
$PbTm_3Nb_6Cl_{15}O_6$	13,861(2)	2663(1)
$PbEr_3Nb_6Cl_{15}O_6$	13,886(2)	2677(1)
$PbHo_3Nb_6Cl_{15}O_6$	13,921(4)	2698(1)
$PbDy_3Nb_6Cl_{15}O_6$	13,954(2)	2717(1)
$PbTb_3Nb_6Cl_{15}O_6$	13,968(2)	2726(1)
$PbGd_3Nb_6Cl_{15}O_6$	14,0088(3)	2749,2(1)
$PbEu_3Nb_6Cl_{15}O_6$	14,056(4)	2777(1)
$PbSm_3Nb_6Cl_{15}O_6$	14,061(3)	2780(1)
$PbNd_3Nb_6Cl_{15}O_6$	14,135(4)	2824(1)
$PbPr_3Nb_6Cl_{15}O_6$	14,147(6)	2831(2)
$PbCe_3Nb_6Cl_{15}O_6$	14,172(6)	2846(2)
$PbLa_3Nb_6Cl_{15}O_6$	14,229(9)	2881(3)
$PbLu_3Nb_6Br_{15}O_6$	14,702(8)	3178(3)
$PbLu_3Ta_6Cl_{15}O_6$	13,193(7)	2296(2)
$PbLu_3Ta_6Br_{15}O_6$	14,374(5)	2970(2)

Les paramètres de maille de PbLu$_3$Nb$_6$Cl$_{15}$O$_6$ et de PbGd$_3$Nb$_6$Cl$_{15}$O$_6$ ont été déterminés sur monocristal et affinés à partir de 10 images enregistrées à l'aide du diffractomètre KappaCCD. Ces composés cristallisent dans le système cubique. Les paramètres de maille des autres phases de la série ont été déterminés et affinés sur poudre à partir de leurs diagrammes de diffraction des rayons X. Toutes ces valeurs sont regroupées dans le Tableau V-4.

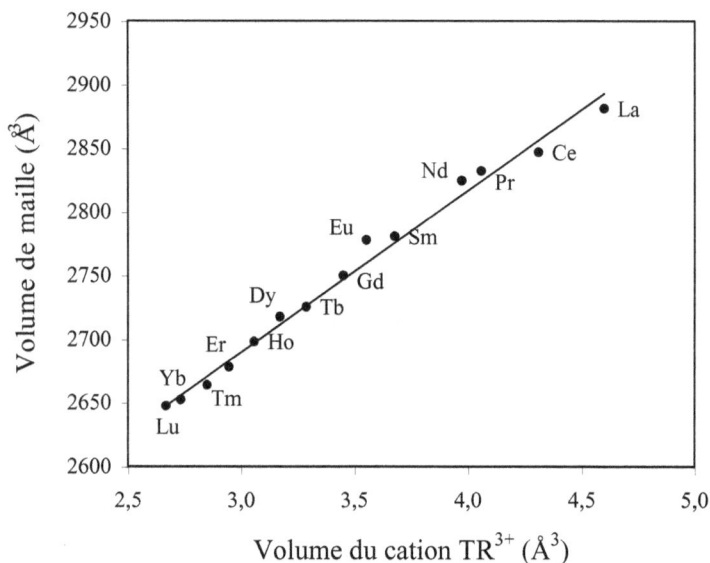

Figure V-9: Volume de maille en fonction du volume de la terre rare trivalente pour la série PbTR$_3$Nb$_6$Cl$_{15}$O$_6$

La variation du volume de maille de PbTR$_3$Nb$_6$Cl$_{15}$O$_6$ en fonction du volume de la terre rare trivalente est représentée sur la Figure V-9. La variation linéaire observée traduit une bonne corrélation. Dans cette famille de composés toutes les terres rares sont donc à l'état trivalent contrairement à ce que l'on observe parfois avec l'europium et l'ytterbium dans les halogénures à clusters Nb6. Ces deux terres rares y apparaissent en effet à l'état divalent ou trivalent, par exemple Eu^{2+} dans Cs$_2$EuNb$_6$Br$_{18}$ (R-3) et

Eu3+ dans $CsEuNb_6Br_{18}$ (P-31c) [V.19]. Par ailleurs, notons que les volumes de maille des composés du tantale, $PbLu_3Ta_6Cl_{15}O_6$ et $PbLu_3Ta_6Br_{15}O_6$, sont plus faibles que ceux des composés du niobium correspondants, comme nous l'avons déjà mentionné chapitre IV pour la série $AM_6Cl_{12}O_2$. Enfin, il est important de noter que $PbLu_3Nb_6Br_{15}O_6$ est le premier oxybromure à avoir été obtenu jusqu'à présent dans la chimie des oxyhalogénures à clusters octaédrique de niobium.

II.2. Structure de $PbTR_3Nb_6Cl_{15}O_6$

Nous avons déterminé la structure de deux composés, $PbLu_3Nb_6Cl_{15}O_6$ et $PbGd_3Nb_6Cl_{15}O_6$ à partir des données enregistrées à l'aide du diffractomètre automatique Nonius KappaCCD, afin de préciser une influence éventuelle du rayon de la terre rare sur les caractéristiques structurales des motifs et leur empilement dans la structure.

II.2.1. Détermination structurale de $PbLu_3Nb_6Cl_{15}O_6$

La stratégie de l'enregistrement des données obtenues pour un monocristal de $PbLu_3Nb_6Cl_{15}O_6$ a été déterminée en utilisant le programme COLLECT [V.20]. L'enregistrement a été réalisé dans le domaine angulaire θ_{max} = 27,10 ° avec une distance cristal – détecteur de 30 mm. Un total de 183 images a été enregistré en utilisant un balayage $\Delta\Phi$ = 1,5 ° et $\Delta\omega$ = 1,5 ° avec un temps d'exposition de 60 s/deg.

Finalement, 25958 réflexions ont été indexées, corrigées des facteurs de Lorentz-polarisation et intégrées dans le système cristallin cubique ($P23$) par le programme DENZO [V.5]. La mise à l'échelle des intensités intégrées et la moyenne des réflexions équivalentes ont été effectuées à l'aide du programme SCALEPACK [V.5]. Les réflexions observées conduisent aux conditions d'existence, $0k$: $k + l = 2n$ et $h00$: $h = 2n$ qui correspondent au groupe spatial $Pn-3$.

La structure cristalline de $PbLu_3Nb_6Cl_{15}O_6$ a été résolue par la méthode directe en utilisant le programme SIR-97 [V.6]. Les affinements des coordonnées des positions atomiques et des facteurs de déplacements isotropes puis anisotropes ont été réalisés par les méthodes des moindres carrés et matrice totale sur F^2 à l'aide du programme SHELXL-97 [V.7].

Tableau V-5: Caractéristiques des cristaux et paramètres expérimentaux pour les déterminations structurales de PbLu$_3$Nb$_6$Cl$_{15}$O$_6$, PbGd$_3$Nb$_6$Cl$_{15}$O$_6$ et K$_{1,24}$Lu$_3$Nb$_6$Cl$_{15}$O$_6$.

	PbLu$_3$Nb$_6$Cl$_{15}$O$_6$	PbGd$_3$Nb$_6$Cl$_{15}$O$_6$	K$_{1,24}$Lu$_3$Nb$_6$Cl$_{15}$O$_6$
Formule	PbLu$_3$Nb$_6$Cl$_{15}$O$_6$	PbGd$_3$Nb$_6$Cl$_{15}$O$_6$	K$_{1,24}$Lu$_3$Nb$_6$Cl$_{15}$O$_6$
Masse molaire	1917,31 g.mole⁻¹	1864,15 g.mole⁻¹	1758,61 g.mole⁻¹
Système cristallin	cubique	cubique	cubique
Groupe d'espace	Pn-3 (No. 201)	Pn-3 (No. 201)	Pn-3 (No. 201)
Paramètres de maille	a = 13,8327(4) Å	a = 14,0088(3) Å	a = 13,877(5) Å
Volume	2646,80(13) Å³	2749,18(10) Å³	2672,5(17) Å³
Z	4	4	4
Densité calculée	4,812 g.cm⁻³	4,473 g.cm⁻³	4,372 g.cm⁻³
Coeff. d'absorption linéaire	21,436 mm⁻¹	16,722 mm⁻¹	15,156 mm⁻¹
Taille du cristal	0,05 x 0,05 x 0,05 mm³	0,05 x 0,05 x 0,05 mm³	0,10 x 0,10 x 0,10 mm³
Température	293(2) K	293(2) K	293(2) K
Diffractomètre	Enraf-Nonius KappaCCD	Enraf-Nonius KappaCCD	Enraf-Nonius KappaCCD
Limites d'enregistrement : θ_{max}	27,08 °	35 °	25 °
Nombre de réflexions intégrées	25958	52779	2459
Nombre de réflexions indépendantes	980	2009	774
R$_{int}$	0,056	0,099	0,0697
Nombre de réfls. observées (I > 2σ(I))	879	1262	492
Nombre de variables	56	56	58
Type d'affinement	F²	F²	F²
Facteur de reliabilité (I > 2σ(I))	R$_1$ = 0,0316; wR$_2$ = 0,0699	R$_1$ = 0,0461; wR$_2$ = 0,0718	R$_1$ = 0,0463; wR$_2$ = 0,0980
Facteur de pondération, w	1/[σ²(Fo²)+(0,041P)²]+15,39P	1/[σ²(Fo²)+(0,001P)²]+62,0P	1/[σ²(Fo²)+(0,051P)²]
Validité de l'affinement, S	1,097	1,018	1,052
Pics résiduels (max. et min.)	1,881 et -1,316 e⁻.Å⁻³	1,977 et -1,696 e⁻.Å⁻³	1,997 et -1,312 e⁻.Å⁻³

Tous les atomes ont été affinés anisotropiquement et occupent pleinement leurs sites cristallographiques, à l'exception du plomb qui se distribue statistiquement dans trois sites cristallographiques *8e*, *2a* et *4b* avec les taux d'occupation respectifs de 41,4 %; 15,6 % et 5 %. Ces résultats conduisent à une stœchiométrie de 0,96(1) plomb par formule chimique. Pour plus de clarté, nous formulerons par la suite ce composé $PbLu_3Nb_6Cl_{15}O_6$, ce qui correspond à un VEC de 14. Un calcul d'une série de Fourier différence tridimensionnelle effectué au stade final de l'affinement ne laisse apparaître que des pics résiduels proches de la position du lutétium: 1,94 e⁻.Å⁻³ à 0,06 Å et - 1,316 e⁻.Å⁻³ à 0,67 Å. Les caractéristiques du cristal et les paramètres expérimentaux de l'enregistrement des intensités diffractées sont résumés dans le Tableau V-5. Les paramètres atomiques et facteurs de déplacements isotropes équivalents sont donnés dans le Tableau V-6. Les distances interatomiques et les angles de valence sont regroupés dans le Tableau V-7.

Tableau V-6: Paramètres atomiques et facteurs de déplacements atomiques isotropes équivalents, avec leurs écart-types, pour $PbLu_3Nb_6Cl_{15}O_6$

Atome	Position de Wyckoff	Multiplicité[a]		x	y	z	U_{eq} (Å²)[b]
		du site	affinée				
Lu	*12g*	0,5	-	0,5910(1)	¾	¼	0,019(1)
Nb	*24h*	1	-	0,5185(1)	0,6449(1)	0,4730(1)	0,014(1)
Cl1	*12g*	0,5	-	¾	0,8655(2)	¼	0,024(1)
Cl2	*24h*	1	-	0,5508(1)	0,8217(1)	0,4211(1)	0,022(1)
Cl3	*24h*	1	-	0,5039(1)	0,6996(1)	0,6441(1)	0,021(1)
O	*24h*	1	-	0,5437(3)	0,6227(3)	0,3329(3)	0,018(1)
Pb1	*8e*	0,333	0,1381(8)	0,6353(1)	0,8647	0,6353	0,035(1)
Pb2	*2a*	0,083	0,0130(5)	¾	¾	¾	0,048(3)
Pb3	*4b*	0,167	0,0084(5)	½	0	½	0,020(4)

[a]taux d'occupation du site = multiplicité affinée/multiplicité du site
[b]$U_{eq} = 1/3\Sigma_i[\Sigma_j(U^{ij}a^*_i a^*_j a_i a_j)]$

II.2.2. Détermination structurale de PbGd$_3$Nb$_6$Cl$_{15}$O$_6$

La détermination structurale de PbGd$_3$Nb$_6$Cl$_{15}$O$_6$ a été réalisée selon la même procédure que pour PbLu$_3$Nb$_6$Cl$_{15}$O$_6$. L'enregistrement a été fait dans le domaine angulaire θ_{max} = 35 ° avec une distance cristal – détecteur de 30 mm. Un total de 227 images a été enregistré en utilisant les balayages $\Delta\Phi$ = 2° et $\Delta\omega$ = 2° avec un temps d'exposition de 20 s/deg. Tous les détails de l'enregistrement et du traitement des données ainsi que de la résolution structurale sont indiqués dans le Tableau V-5.

Tableau V-7: Distances interatomiques (Å) et angles de valence (°) avec leurs écart-types pour PbLu$_3$Nb$_6$Cl$_{15}$O$_6$

Cluster Nb$_6$			
Nb-Nb	2,7900(8) x6	Nb-Nb-Nb	65,47(2)
Nb-Nb	3,0173(9) x6	Nb-Nb-Nb	57,27(1)
Nb-Nb	4,1096(10) x3		
Motif [Nb$_6$Cl$_6$O$_6$)Cl$_6$]			
Nb-O	1,990(4)	Cl2-Nb-O	81,14(13)
Nb-O	1,993(4)	Cl2-Nb-O	89,51(13)
Nb-Cl3	2,4927(15)	Cl2-Nb-Cl3	83,14(5)
Nb-Cl3	2,5411(15)	Cl2-Nb-Cl3	89,45(5)
Nb-Cl2	2,5881(15)		
Environnement du lutétium			
Lu-O	2,202(4) x2	Lu-Lu	4,3978(8)
Lu-Cl2	2,6260(15) x2	Cl1-Lu-Cl1	71,99(8)
Lu-Cl1	2,7178(14) x2	Lu-Cl1-Lu	108,01(8)
Lu-Cl1	3,120(2)	Lu-Cl2-Nb	85,96(5)
Lu-Nb	3,5548(5)	Lu-O-Nb	115,8(2)
*Environnement du plomb**			
Pb1-Cl3	2,9209(15) x3	Pb1-Pb2	2,7473(14)
Pb1-Cl2	3,2403(18) x3	Pb1-Pb3	3,2425(14)
Pb1-Cl3	3,6611(16) x3	Pb1-Nb	4,1102(5)
Pb2-Cl3	3,7706(16) x12	Pb2-Nb	5,2005(5)
Pb3-Cl2	2,7869(15) x6	Pb3-Nb	4,9329(5)

*Ces distances correspondent à la moyenne des distances locales pour les sites vides et les sites occupés par le plomb.

Cette structure a été résolue par isotype avec $PbLu_3Nb_6Cl_{15}O_6$. Tous les atomes ont été affinés anisotropiquement et occupent totalement leurs sites cristallographiques à l'exception du plomb qui se distribue statistiquement dans les trois sites cristallographiques *8e*, *2a* et *4b* avec les taux d'occupation respectifs de 37,7 %, 14,4 % et 11,7 %. Ces résultats conduisent à 0,94(1) plomb par formule chimique. Par la suite nous écrirons ce composé $PbGd_3Nb_6Cl_{15}O_6$. Un calcul d'une série de Fourier tridimensionnelle, effectué au stade final de l'affinement, laisse apparaître les pics: 1,98 $e^-.Å^{-3}$ à 0,96 Å de la position du chlore Cl2 et -1,70 $e^-.Å^{-3}$ à 0,83 Å de la position du gadolinium. Les paramètres atomiques et facteurs de déplacements isotropes équivalents sont donnés dans le Tableau V-8. Les distances interatomiques et les angles de valence sont regroupés dans le Tableau V-9.

Tableau V-8: Paramètres atomiques et facteurs de déplacements atomiques isotropes équivalents, avec leurs écart-types, pour $PbGd_3Nb_6Cl_{15}O_6$

Atome	Position de Wyckoff	Multiplicité[a] du site	affinée	x	y	z	U_{eq} ($Å^2$)[b]
Gd	*12g*	0,5	-	¼	¾	0,9119(1)	0,017(1)
Nb	*24h*	1	-	0,4747(1)	0,6431(1)	0,9819(1)	0,013(1)
Cl1	*12g*	0,5	-	¼	¾	0,1323(2)	0,022(1)
Cl2	*24h*	1	-	0,4267(1)	0,8196(1)	0,9526(1)	0,022(1)
Cl3	*24h*	1	-	0,5038(1)	0,6439(1)	0,8028(1)	0,020(1)
O	*24h*	1	-	0,4583(3)	0,6639(3)	0,1209(3)	0,016(1)
Pb1	*8e*	0,333	0,1248(9)	0,6353(1)	0,6353(1)	0,6353(1)	0,036(1)
Pb2	*2a*	0,083	0,0120(5)	¾	¾	¾	0,051(4)
Pb3	*4b*	0,167	0,0195(5)	½	0	0	0,022(2)

[a]taux d'occupation du site = multiplicité affinée/multiplicité du site
[b]$U_{eq} = 1/3\Sigma_i[\Sigma_j(U^{ij}a^*_i a^*_j a_i a_j)]$

II.2.3. Description structurale de $PbLu_3Nb_6Cl_{15}O_6$

L'oxychlorure $PbLu_3Nb_6Cl_{15}O_6$ présente un type structural original basé sur des motifs $[Nb_6Cl_{12}O_6]$ discrets comportant pour la première fois six ligands oxygène en position inner, et présentant des entités Lu_2Cl_2.

a) Description du motif [(Nb$_6$Cl$_6$O$_6$)Cl$_6$]

Cette structure présente des motifs M_6L_{18} qui s'empilent selon un réseau cubique face centrée. Dans chacun de ces motifs, six atomes d'oxygène et six atomes de chlore sont ordonnés en positions inner, tandis que six autres atomes de chlore sont placés en positions apicales (Figure V-10). Ce motif s'écrit $[(Nb_6Cl^i_6O^i_6)Cl^a_6]$.

Tableau V-9: Distances interatomiques (Å) et angles de valence (°) avec leurs écart-types pour PbGd$_3$Nb$_6$Cl$_{15}$O$_6$

Cluster Nb$_6$			
Nb-Nb	2,7986(9) x6	Nb-Nb-Nb	64,83(3)
Nb-Nb	3,0003(9) x6	Nb-Nb-Nb	57,585(14)
Nb-Nb	4,1029(11) x3		
Motif [(Nb$_6$Cl$_6$O$_6$)Cl$_6$]			
Nb-O	1,982(4)	Cl2-Nb-O	82,54(14)
Nb-O	1,993(4)	Cl2-Nb-O	89,19(14)
Nb-Cl3	2,4967(17)	Cl2-Nb-Cl3	83,17(6)
Nb-Cl3	2,5426(17)	Cl2-Nb-Cl3	88,23(6)
Nb-Cl2	2,5946(17)		
Environnement du gadolinium			
Gd-O	2,269(4) x2	Gd-Gd	4,5364(9)
Gd-Cl2	2,7210(17) x2	Cl1-Gd-Cl1	72,01(8)
Gd-Cl1	2,8039(14) x2	Gd-Cl1-Gd	107,99(8)
Gd-Cl1	3,088(2)	Gd-Cl2-Nb	85,84(5)
Gd-Nb	3,6211(6)	Gd-O-Nb	116,2(2)
*Environnement du plomb**			
Pb1-Cl3	2,9851(16) x3	Pb1-Pb2	2,7832(18)
Pb1-Cl2	3,233(2) x3	Pb1-Pb3	3,2828(18)
Pb1-Cl3	3,7031(18) x3	Pb1-Nb	4,1707(6)
Pb2-Cl3	3,8274(17) x12	Pb2-Nb	5,2604(6)
Pb3-Cl2	2,8077(17) x6	Pb3-Nb	5,0187(6)

*Ces distances correspondent à la moyenne des distances locales pour les sites vides et les sites occupés par le plomb.

104

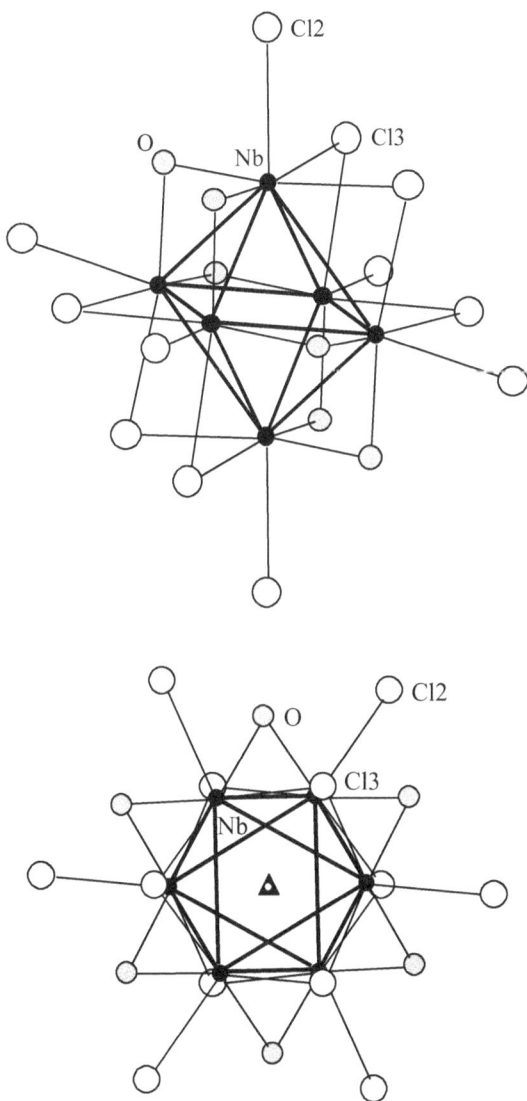

Figure V-10: Motif [(Nb$_6$Cl$^i_6$O$^i_6$)Cl$^a_6$] dans PbLu$_3$Nb$_6$Cl$_{15}$O$_6$

Cristallographiquement, les six atomes de niobium formant le cluster sont équivalents, chacun d'entre eux étant localisé dans un site pyramidal avec deux ligands *cis*-oxygène et deux ligands *cis*-chlore à la base et un atome de chlore au sommet. Les motifs sont centrés en positions *4c* sur un centre de symétrie -3 (Figure V-11). Les distances métal-métal intracluster sont de 2,7900(8) Å et 3,0173(9) Å correspondant aux arêtes pontées par l'oxygène et le chlore respectivement, avec une valeur moyenne de 2,9037 Å. Une importante distorsion du cluster est donc observée comme pour les autres oxyhalogénures. La distance moyenne Nb-Nb est significativement plus courte que celle que l'on observe dans $Ti_2Nb_6Cl_{14}O_4$ (2,9216 Å) qui comporte quatre ligands oxygène inner et un VEC = 14 [V.21]. Cette différence s'explique par un effet stérique de l'oxygène plus important dans $PbLu_3Nb_6Cl_{15}O_6$ qui comporte un nombre d'oxygènes inner plus élevé (six) que dans $Ti_2Nb_6Cl_{14}O_4$.

Les distances Nb-Cl^i varient de 2,493(1) Å à 2,541(1) Å avec une valeur moyenne de 2,517 Å tandis que la liaison Nb-Cl^a est plus longue, 2,588(1) Å, comme on l'observe habituellement pour ce type de composé. Enfin, toutes les longueurs des liaisons intramotif sont comparables à celles que l'on a rencontrées précédemment dans les oxychlorures à cluster Nb_6 [V.22].

b) Environnement du lutétium

Un atome de chlore Cl1 qui n'appartient pas aux motifs $[Nb_6Cl_{12}O_6]$ a été mis en évidence dans cette structure. Deux atomes Cl1 pontent deux atomes de lutétium pour former une entité Lu_2Cl_2 caractéristique de ce composé (Figure V-12). Dans celle-ci la longueur de la liaison Lu-Cl1 est de 2,718(1) Å avec un angle Lu-Cl1-Lu de 108,01(8)° tandis que la distance Lu-Lu est de 4,398(1) Å. Ces groupements Lu_2Cl_2 sont centrés en position (¼ ¼ ¾) et occupent ainsi ¾ des sites tétraédriques aménagés dans l'empilement cubique face centrée (*c.f.c.*) de motifs, le ¼ restant (site ¾ ¾ ¾) étant occupé statistiquement par les atomes de plomb Pb2 comme nous le verrons ci-dessous (Figure V-11). Ces groupements sont reliés entre eux par de faibles interactions puisque chaque atome de lutétium est situé à 3,120(2) Å de l'atome de chlore Cl1 de l'entité adjacente, formant ainsi un réseau tridimensionnel (Figure V-13).

Chacun de ces groupements Lu_2Cl_2 est environné par quatre clusters voisins. Les atomes de lutétium sont reliés à ces clusters par l'intermédiaire de ligands oxygène inner et chlore apical avec une courte distance Lu-Nb de 3,555(1) Å et des angles Lu-O-Nb = 115,8(2) ° et Lu-Cl^a-Nb = 85,96(5) °. Finalement, chaque atome de lutétium est lié à six ligands qui forment un environnement octaédrique très distordu.

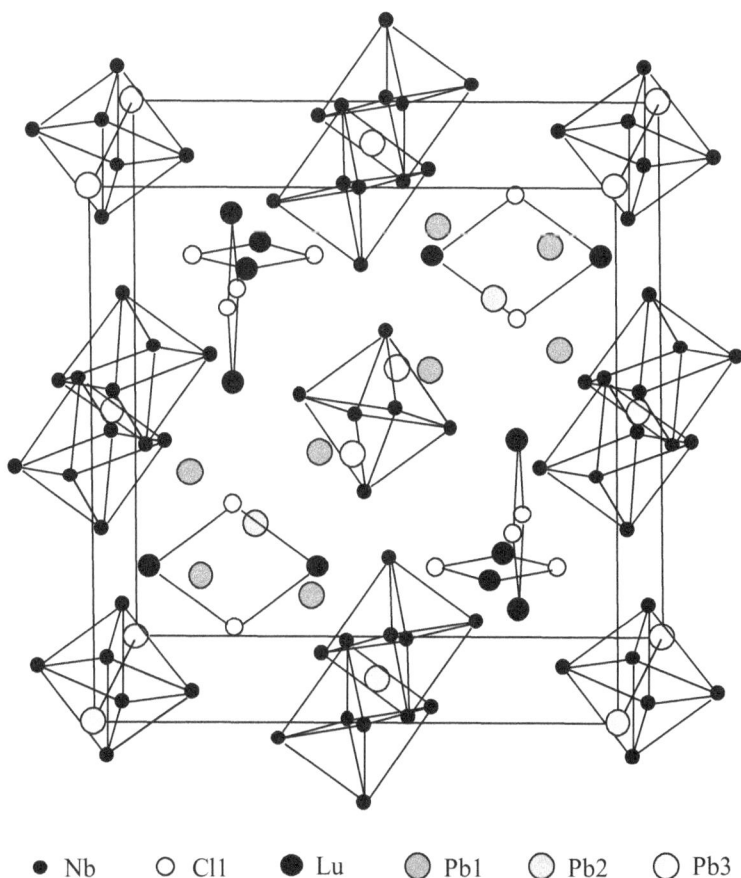

● Nb   ○ Cl1   ● Lu   ◉ Pb1   ○ Pb2   ○ Pb3

Figure V-11: Maille élémentaire de PbLu$_3$Nb$_6$Cl$_{15}$O$_6$. Pour plus de clarté, les atomes d'oxygène et de chlore liés au cluster Nb$_6$ n'ont pas été représentés

Si l'on considère l'entité Lu_2Cl_2 comme un cation complexe $(Lu_2Cl_2)^{4+}$, le composé peut s'écrire selon la formule $Pb(Lu_2Cl_2)_{1,5}(Nb_6Cl_{12}O_6)$ dans laquelle le motif anionique $(Nb_6Cl_{12}O_6)^{n-}$ présente une charge 8⁻. Des atomes de chlore qui ne sont pas liés à des clusters ont aussi été observés dans la structure de $Ti_2Nb_6Cl_{14}O_4$ [V.21] où ils ne sont liés qu'aux atomes de titane pour former des chaînes infinies -Cl-Ti-Cl-Ti-. Quelques halogénures comportant des atomes d'halogène de ce type ont déjà été rencontrés préalablement tels que le chlorofluorure $Na_2NbF_6(Nb_6Cl_8F_7)$ [V.23] ou le bromure de zirconium $(Cs_4Br)Zr_6(B)Br_{18}$ [V.24]. Dans le chlorofluorure de niobium, ces atomes de fluor forment avec un atome de niobium isolé une entité $(NbF_6)^{n-}$. Par contre dans le bromure de zirconium, un halogène qui n'est lié à aucun cluster est en coordinence de quatre cations Cs^+ pour former le cation complexe $(Cs_4Br)^{3+}$ reliant quatre clusters voisins. De tels exemples sont relativement rares dans la chimie des composés à clusters octaédriques.

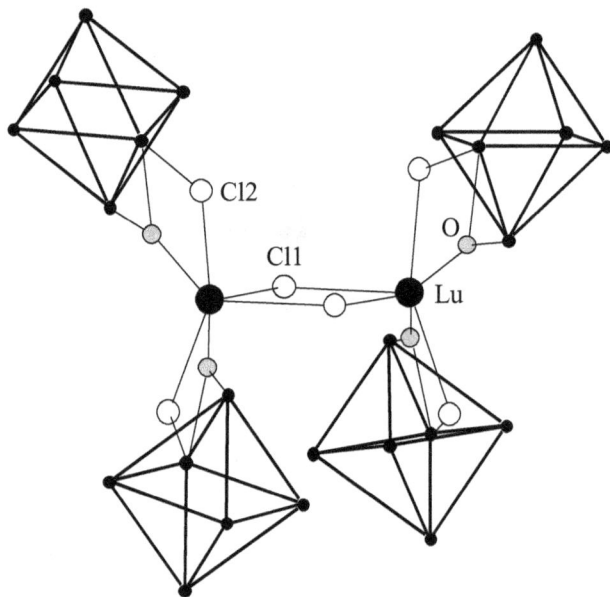

Figure V-12: Environnement du lutécium

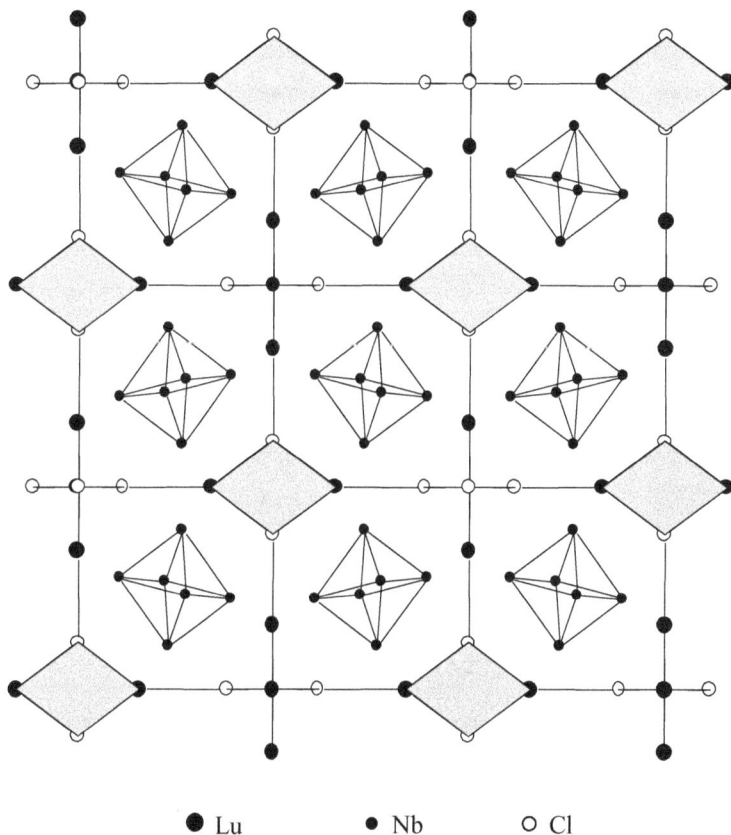

Figure V-13: Connexions entre les entités Lu₂Cl₂ dans PbLu₃Nb₆Cl₁₅O₆

Le legende du figure:
● Lu   • Nb   ○ Cl

Figure V-13: Connexions entre les entités Lu_2Cl_2 dans $PbLu_3Nb_6Cl_{15}O_6$

c) Environnement du plomb

Les trois atomes de plomb Pb1, Pb2 et Pb3 se répartissent statistiquement dans trois sites cristallographiques (Figure V-14). Le site de Pb1 est à une distance de 2,747(1) Å et 3,243(1) Å des sites de Pb2 et de Pb3 respectivement. Les taux d'occupation trouvés pour ces trois sites Pb1: 41,4 %, Pb2: 15,6 % et Pb3: 5,04 %, sont en bon accord avec le fait qu'ils ne peuvent pas être occupés simultanément en raison des courtes distances qui les séparent.

Ces atomes Pb1, Pb2 et Pb3 occupent respectivement les sites triangulaires, tétraédriques (¾ ¾ ¾) et octaédriques (0 0 0) aménagés dans l'empilement *c.f.c.* de motifs. Pb1 est environné par neuf ligands chlore: trois Cl^a et six Cl^i appartenant à trois clusters voisins (Figure V-14a), tandis que Pb2 est entouré de douze ligands chlore inner qui appartiennent à quatre motifs voisins (Figure V-14b). En revanche, l'atome de plomb Pb3 relie entre eux six clusters adjacents par l'intermédiaire de six ligands chlore apicaux qui forment un site octaédrique (Figure V-14c). Les distances Pb-Cl qui varient de 2,787(1) à 3,771(1) Å correspondent aux distances moyennes entre les distances locales observées pour un site vide et un site plein. La valeur des facteurs de déplacements des atomes de plomb est en rapport avec la valeur des distances Pb-Cl: la plus courte distance correspond à l'atome de plomb présentant le plus faible facteur de déplacement.

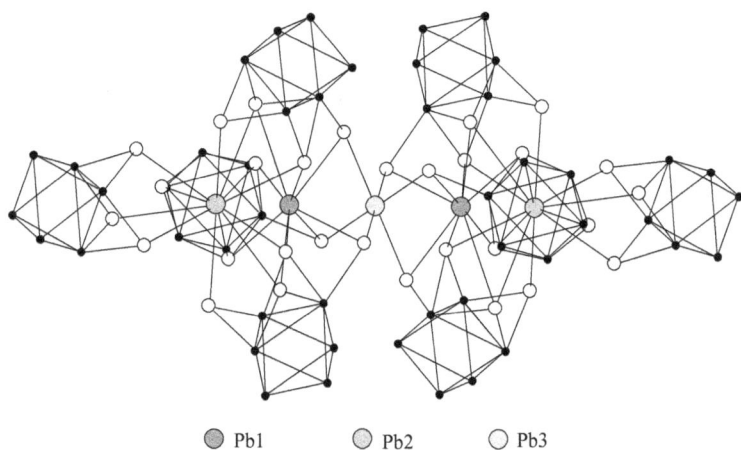

◉ Pb1   ◯ Pb2   ○ Pb3

Figure V-14: Environnement des atomes de plomb

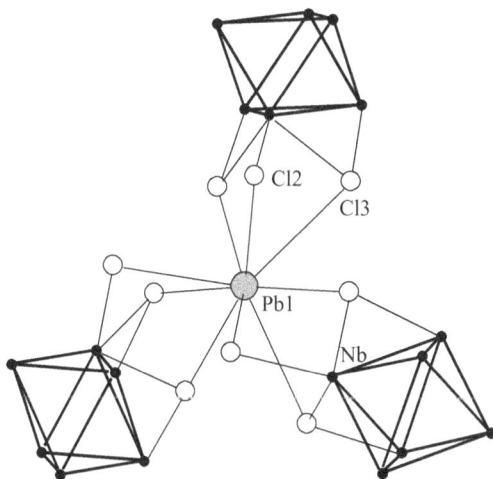

Figure V-14a: Environnement de Pb1

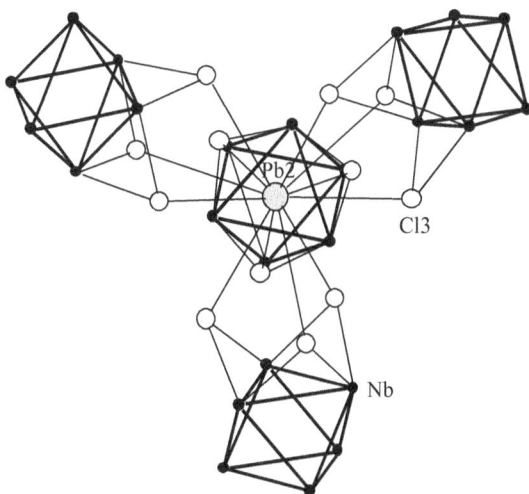

Figure V-14b: Environnement de Pb2

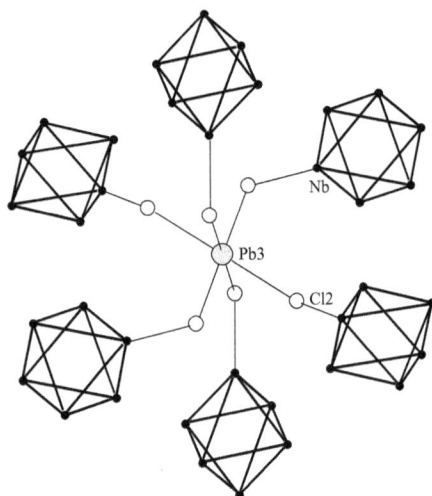

Figure V-14c: Environnement de Pb3

II.2.4. Description structurale de PbGd$_3$Nb$_6$Cl$_{15}$O$_6$

La structure de PbGd$_3$Nb$_6$Cl$_{15}$O$_6$ se décrit comme celle de PbLu$_3$Nb$_6$Cl$_{15}$O$_6$. La substitution du lutétium par le gadolinium exerce peu d'influence sur la taille du motif. En revanche, le rayon plus important du gadolinium par rapport à celui du lutécium engendre un site plus volumineux pour cette terre rare. Ceci se répercute sur la distance Nb-TR qui est plus longue pour le gadolinium (3,6211(6) Å) que pour le lutécium (3,5548(5) Å), ainsi que sur l'empilement des motifs conduisant à un volume de maille plus important. Ces derniers génèrent des sites plus volumineux pour le plomb dans le cas du gadolinium que dans le cas du lutécium, tandis qu'à l'inverse les groupements TR$_2$Cl$_2$ sont plus proches les uns des autres avec le gadolinium qu'avec le lutécium (distances entre les groupements: Gd-Cl = 3,088(2) Å et Lu-Cl = 3,120(2) Å) et forment ainsi un réseau plus compact.

Comme dans le cas de PbLu$_3$Nb$_6$Cl$_{15}$O$_6$, les atomes de plomb se répartissent dans trois sites cristallographiques Pb1: *8e*, Pb2: *2a* et Pb3: *4b* avec les taux d'occupation respectifs, 37,4 %, 14,4 % et 11,7 %, valeurs relativement proches de celles trouvées pour ce premier composé. Le rayon de la terre rare a donc peu d'influence sur la répartition des atomes de plomb dans leurs différents sites.

II.3. Oxychlorure $K_{1,24}Lu_3Nb_6Cl_{15}O_6$

Etant données les lacunes observées pour les sites du plomb dans la structure de $PbTR_3Nb_6Cl_{15}O_6$, nous avons tenté de remplacer ce cation divalent par un cation monovalent tel que le potassium, tout en essayant de maintenir 14 électrons de valence par cluster Nb_6. Nous avons ainsi obtenu $K_{1,24}Lu_3Nb_6Cl_{15}O_6$, qui présente un VEC inférieur à 14 (13,24) contrairement à notre attente.

II.3.1. Préparation et caractérisation

Ce composé a été synthétisé à partir d'un mélange de KCl, Lu_2O_3, Nb, Nb_2O_5 et $NbCl_5$ en proportions stœchiométriques correspondant à la formule souhaitée "$K_2Lu_3Nb_6Cl_{15}O_6$". La poudre est placée dans un tube de silice qui est ensuite scellé sous vide, puis porté à 680 °C pendant 7 jours. Le produit est obtenu sous forme d'une poudre microcristalline de couleur brun foncé. Son diagramme de diffraction X est similaire à celui que l'on obtient pour $PbLu_3Nb_6Cl_{15}O_6$ avec cependant des pics additionnels correspondant à $KLuNb_6Cl_{18}$ [V.25], $NbOCl_2$ [V.3] et Nb_3Cl_8 [V.4]. Un cristal obtenu lors de cette préparation a été utilisé pour la détermination structurale qui a conduit à la stœchiométrie $K_{1,24}Lu_3Nb_6Cl_{15}O_6$. Afin de mettre en évidence une éventuelle solution solide en potassium, nous avons par la suite préparé différentes stœchiométries $K_xLu_3Nb_6Cl_{15}O_6$ avec x = 1, 1,25, 1,5 et 2. Les diagrammes de diffraction X correspondants mettent toujours en évidence la présence de phases secondaires. Les paramètres de maille affinés à partir de ces différents diagrammes de poudre sont tous identiques. Des analyses de monocristaux provenant de ces différentes préparations indiquent pour tous ceux-ci une même composition en potassium (environ 1,4 K selon la quantification EDS, valeur obtenue également pour le cristal utilisé pour la détermination structurale). Il n'apparaît donc pas de domaine d'homogénéité en potassium autour de la stœchiométrie effective 1,24 K par formule déterminée par la résolution structurale.

II.3.2. Détermination structurale

Un monocristal préparé dans les conditions indiquées ci-dessus a été utilisé pour la détermination structurale par diffraction des rayons-X à l'aide du diffractomètre Kappa CCD. L'enregistrement a été réalisé dans le domaine angulaire $\theta_{max} = 25$ ° avec la distance cristal – détecteur de 25 mm. Finalement, 116 images ont été enregistrées avec un temps d'exposition de 60 s/deg.

Tableau IV-10: Paramètres atomiques et facteurs de déplacements atomiques isotropes équivalents, avec leurs écart-types, pour $K_{1,24}Lu_3Nb_6Cl_{15}O_6$

Atome	Position de Wyckoff	Multiplicité[a] du site	Multiplicité[a] affinée	x	y	z	U_{eq} (Å^2)[b]
Lu	*12g*	0,5	-	¼	0,5911(1)	¾	0,037(1)
Nb	*24h*	1	-	0,0273(1)	0,5190(1)	0,8553(1)	0,029(1)
Cl1	*12g*	0,5	-	¼	¾	0,6339(4)	0,040(1)
Cl2	*24h*	1	-	0,0808(3)	0,5505(3)	0,6802(3)	0,040(1)
Cl3	*24h*	1	-	-0,1428(3)	0,5047(3)	0,8015(3)	0,037(1)
O	*24h*	1	-	0,1682(7)	0,5435(8)	0,8778(7)	0,031(2)
K1	*8e*	0,333	0,11(1)	-0,118(2)	0,618	0,618	0,094(16)
K2	*8e*	0,333	0,049(6)	0,7390(7)	0,7390	0,7390	0,180(7)
K3	*4b*	0,167	0,052(6)	0	½	½	0,120(2)

[a]taux d'occupation du site = multiplicité affinée/multiplicité du site
[b]$U_{eq} = 1/3\Sigma_i[\Sigma_j(U^{ij}a^*_i a^*_j a_i a_j)]$

La résolution structurale a été effectuée par isotype avec $PbLu_3Nb_6Cl_{15}O_6$. Tous les atomes ont été affinés anisotropiquement et occupent pleinement leurs sites cristallographiques à l'exception du potassium qui se répartit statistiquement dans trois sites, K1: *8e*, K2: *8e* et K3: *4b* dont les taux d'occupation respectifs sont 31,8 %; 14,7 %; 31,2 %, ce qui conduit à 1,24(1) potassium par formule chimique. Dans un premier temps nous avions placé le potassium K2 dans le site *2a* comme le plomb Pb2 dans $PbLu_3Nb_6Cl_{15}O_6$. Ceci ayant entraîné un facteur de déplacement non raisonnable, nous avons donc décalé cet atome vers une autre position. Le meilleur résultat a été obtenu en le plaçant dans un site *8e*. Un calcul d'une série de Fourier différence tridimensionnelle effectué au stade final de l'affinement ne laisse apparaître que des pics résiduels proches du niobium: 1,997 e⁻.Å⁻³ à 1,98 Å et -1,312 e⁻.Å⁻³ à 0,95 Å. Les caractéristiques du cristal et les paramètres expérimentaux de l'enregistrement des intensités diffractées sont résumés dans le Tableau V-5. Les paramètres atomiques et facteurs de déplacements isotropes équivalents sont donnés dans le Tableau V-10. Les distances interatomiques et les angles de valence sont regroupés dans le Tableau V-11.

Tableau IV-11: Distances interatomiques (Å) et angles de valence (°) avec leurs écart-types pour $K_{1,24}Lu_3Nb_6Cl_{15}O_6$

Cluster Nb_6			
Nb-Nb	2,798(2) x6	Nb-Nb-Nb	57,26(3) x2
Nb-Nb	3,027(3) x6	Nb-Nb-Nb	65,48(2)
Nb-Nb	4,122(3) x3		
Motif [($Nb_6Cl_6O_6$)Cl_6]			
Nb-O	1,998(10)	Cl2-Nb-O	80,7(3)
Nb-O	2,009(9)	Cl2-Nb-O	88,9(3)
Nb-Cl3	2,483(4)	Cl2-Nb-Cl3	83,88(12)
Nb-Cl3	2,531(4)	Cl2-Nb-Cl3	90,24(13)
Nb-Cl2	2,577(4)		
Environnement du lutétium			
Lu-O	2,207(10) x2	Lu-Lu	4,410(2)
Lu-Cl2	2,602(4) x2	Cl1-Lu-Cl1	72,29(18)
Lu-Cl1	2,731(3) x2	Lu-Cl1-Lu	107,71(18)
Lu-Cl1	3,123(3)	Lu-Cl2-Nb	86,90(12)
Lu-Nb	3,5616(19)	Lu-O-Nb	115,2(4)
Environnement du potassium*			
K1-Cl3	3,013(10) x3	K3-Cl2	2,829(4) x6
K1-Cl2	3,04(2) x3	K1-K2	3,10(6)
K1-Cl3	3,840(16) x3	K1-K3	2,83(4)
K2-Cl3	3,56(15) x3	K1-Nb	4,098(2)
K2-Cl3	3,74(2) x3	K2-Nb	4,97(17)
K2-Cl3	3,90(8) x3	K3-Nb	4,952(2)
K2-Cl3	3,96(12) x3		

*Ces distances correspondent à la moyenne des distances locales pour les sites vides et les sites occupés par le potassium

II.3.3. Description de la structure

La structure de $K_{1,24}Lu_3Nb_6Cl_{15}O_6$ présente les mêmes motifs $[Nb_6Cl_{12}O_6]$ et les mêmes entités Lu_2Cl_2 que dans $PbLu_3Nb_6Cl_{15}O_6$ avec une distance moyenne Nb-Nb de 2,912 Å (2,904 Å dans $PbLu_3Nb_6Cl_{15}O_6$). Les distances Nb-ligand sont très voisines dans les deux composés.

Si l'on considère les environnements des deux cations, certaines distances Lu-Cl et K-Cl sont plus courtes, d'autres plus longues que les distances correspondantes dans $PbLu_3Nb_6Cl_{15}O_6$ ce qui, globalement, conduit à un volume de maille plus important et donc à un réseau de motifs moins compact que dans ce dernier composé.

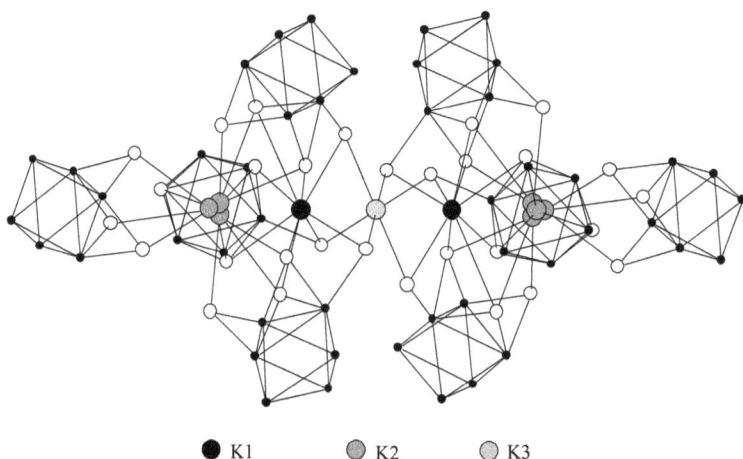

● K1   ◐ K2   ○ K3

Figure V-15: Environnement du potassium dans $K_{1,24}Lu_3Nb_6Cl_{15}O_6$

Les taux d'occupations trouvés pour les sites des potassiums K1, K2 et K3 sont en bon accord avec le fait qu'ils ne peuvent pas être occupés simultanément en raison de la trop courte distance qui les sépare (K1-K3 = 2,83(4) Å et K1-K2 = 3,10(6) Å), comme dans le cas de $PbLu_3Nb_6Cl_{15}O_6$. Le déplacement de K2 d'une position $2a$ vers une position $8e$ conduit pour cet atome à quatre positions voisines équivalentes à 0,44 Å l'une de l'autre (Figure V-15). En raison de cette courte distance, ce dernier site doit donc obligatoirement être occupé à moins de 25 %. Le taux d'occupation de 14,7 % que nous avons trouvé pour ce site est donc en accord avec cette observation.

II.4. Oxychlorure $TR_3Nb_6Cl_{15}O_6$

En raison des possibilités d'occupation partielle des sites des cations monovalents ou divalents que nous avons mises en évidence lors des résolutions structurales décrites ci-dessus, nous avons tenté d'obtenir une phase dans laquelle ces sites seraient totalement vides soit: "$TR_3Nb_6Cl_{15}O_6$".

Ces synthèses ont été réalisées à partir de mélanges en proportions stœchiométriques, à 650 °C, selon la technique décrite ci-dessus. Dans le cas du gadolinium, le diagramme de diffraction X du produit ainsi obtenu, laisse apparaître des pics correspondants à la phase attendue, avec de nombreuses raies supplémentaires. Ce produit est très peu stable dans l'atmosphère ambiante. Des microcristaux analysés à l'aide de la sonde EDS mettent en évidence les différents éléments attendus dans un rapport Gd : Nb : Cl proche de 3 : 6 : 15, ainsi que la présence de l'oxygène.

Aucun monocristal de taille suffisante pour une étude par diffraction X n'a pu être isolé. Le paramètre de maille de cette nouvelle phase a été affiné à l'aide de son diagramme de poudre, ce qui conduit à la valeur a = 13,982(6) Å, valeur légèrement plus faible que celle que l'on trouve pour $PbGd_3Nb_6Cl_{15}O_6$ (a = 14,0088(3) Å).

Ces résultats laissent donc envisager l'existence d'une phase $Gd_3Nb_6Cl_{15}O_6$ dont le VEC serait de 12. Cependant, en l'absence de résolution structurale, il est difficile de confirmer la stœchiométrie en gadolinium et donc le VEC qui en découle. En effet il se pourrait que des atomes de gadolinium soient localisés dans d'autres sites de la structure, en particulier dans les sites des cations monovalents ou divalents laissés vacants. De plus, des occupations statistiques des positions inner par les ligands chlore et oxygène pourraient également intervenir, comme dans le cas de $Cs_2LuNb_6Cl_{17}O$.

II.5. Structure électronique

D'après leur stœchiométrie, les composés $PbTR_3Nb_6Cl_{15}O_6$ (TR = terre rare) comportent 14 électrons de valence par cluster. La présence de six ligands oxygène inner par motif dans ces composés entraîne donc une contribution Nb-L^i antiliante suffisamment importante pour déstabiliser l'orbitale dérivant de l'orbitale a_{2u} du motif

M_6L_{18}. Cette dernière devient l'orbitale LUMO comme dans le cas des autres oxyhalogénures comportant trois ligands oxygène inner, ou plus, par motif.

En revanche, la stœchiométrie $K_{1,24}Lu_3Nb_6Cl_{15}O_6$ conduit formellement à un VEC proche de 13, ce qui est inhabituel pour ce type de composé. La distance moyenne Nb-Nb intracluster, légèrement plus élevée dans le cas de $K_{1,24}Lu_3Nb_6Cl_{15}O_6$ que pour $PbLu_3Nb_6Cl_{15}O_6$, peut confirmer un nombre d'électrons de valence plus faible dans les niveaux métal-métal liants pour ce premier composé. Comme nous l'avons déjà mentionné dans le chapitre précédent, rappelons qu'un VEC de 13 a déjà été trouvé dans d'autres oxydes et oxyhalogénures à clusters de niobium, ce qui rend plausible la valeur du VEC déterminée pour $K_{1,24}Lu_3Nb_6Cl_{15}O_6$. Il n'a pas été possible de confirmer cette valeur à partir de mesures magnétiques, en raison de la difficulté à obtenir un échantillon d'une pureté suffisante pour ce type d'étude.

II.6. Propriétés magnétiques

Une étude magnétique a été effectuée sur des échantillons pulvérulents de $PbLu_3Nb_6Cl_{15}O_6$ et $PbGd_3Nb_6Cl_{15}O_6$, les deux seuls composés de la série $A_xTRNb_6Cl_{15}O_6$ que nous ayons obtenus avec une pureté suffisante pour pouvoir réaliser ce type d'étude. Les mesures de susceptibilité ont été réalisées à l'aide du susceptomètre à SQUID entre 5 K et la température ambiante, sous un champ de 0,25 kGauss pour $PbGd_3Nb_6Cl_{15}O_6$ et de 10 kGauss pour $PbLu_3Nb_6Cl_{15}O_6$. Les corrections diamagnétiques ont été calculées à partir du diamagnétisme des ions Pb^{2+}, Gd^{3+} ou Lu^{3+}, Cl^-, O^{2-} et du cluster Nb_6.

Le composé $PbLu_3Nb_6Cl_{15}O_6$ avec un VEC de 14 et une terre rare non magnétique, présente comme attendu, une très faible susceptibilité magnétique pratiquement indépendante de la température avec $\chi_{300} = 4,76 \times 10^{-4}$ emu/mole (Figure V-16). Une légère remontée au dessous de 20 K, correspondant à un paramagnétisme de Curie-Weiss avec un moment de 0,26 μB, pourrait être attribuée à des traces de phases secondaires, ou plutôt à des traces d'autres terres rares magnétiques présentes dans le produit de départ Lu_2O_3 utilisé pour préparer cet échantillon comme cela est fréquemment observé dans le cas des terres rares. Un même comportement avait déjà été observé dans le cas de $KLuNb_6Cl_{18}$ (VEC = 16) qui présente des clusters non magnétiques [V.25].

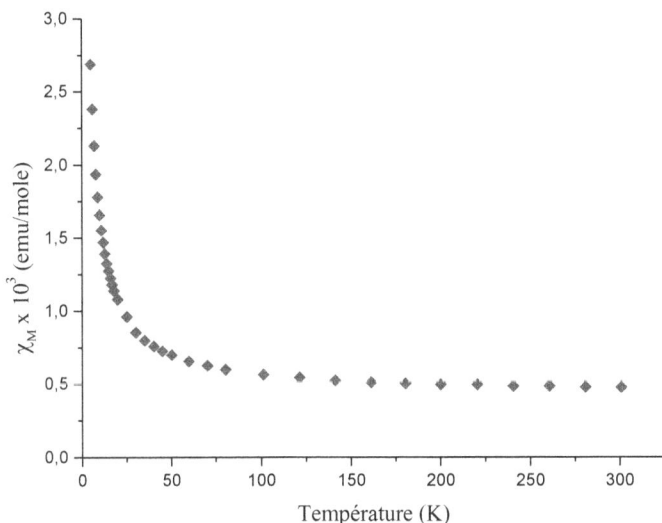

Figure V-16: Susceptibilité molaire corrigée de PbLu$_3$Nb$_6$Cl$_{15}$O$_6$ en fonction de la température

Le composé PbGd$_3$Nb$_6$Cl$_{15}$O$_6$ présente un VEC de 14 et une terre rare magnétique. La figure V-17 représente la variation de sa susceptibilité molaire corrigée en fonction de la température. En encart est représenté l'inverse de la susceptibilité corrigée en fonction de la température. La susceptibilité magnétique de ce composé suit une loi de Curie. Le moment effectif calculé est de 12,98 µB. Si l'on considère que ce composé présente trois ions Gd^{3+} par formule, le moment expérimental calculé pour un ion gadolinium est de 7,50 µB, ce qui est proche de la valeur théorique (moment théorique de Gd^{3+} = 7,94 µB).

Le comportement magnétique obtenu pour ces deux composés indique que le cluster Nb$_6$ ne présente pas d'électron célibataire, en bon accord avec un nombre d'électrons de valence par cluster de 14 déterminé à partir des résultats de cristallochimie. Dans le cas de PbGd$_3$Nb$_6$Cl$_{15}$O$_6$, le magnétisme observé correspond bien à des ions gadolinium isolés sans interaction comme cela avait déjà été observé pour les composés de la série KRENb$_6$Cl$_{18}$ qui présentaient un VEC de 16 [V.26].

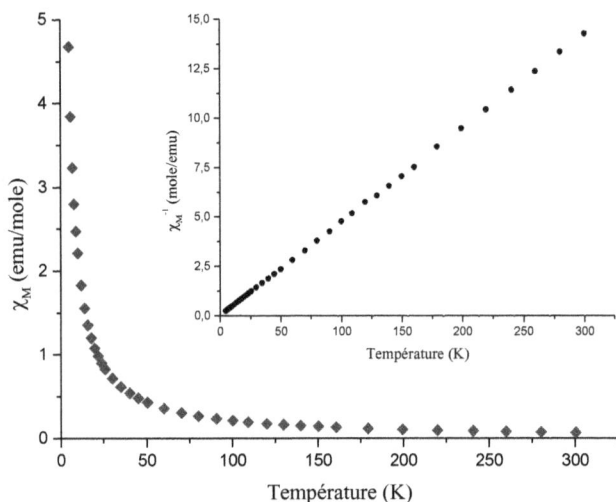

Figure V-17: Susceptibilité magnétique molaire (χ_M) en fonction de la température pour le composé PbGd$_3$Nb$_6$Cl$_{15}$O$_6$.
Encart: Inverse de la susceptibilité en fonction de la température

III. CONCLUSION

Na$_{0,21}$Nb$_6$Cl$_{10,5}$O$_3$ et A$_x$TR$_3$M$_6$X$_{15}$O$_6$ présentent des motifs M$_6$L$_{18}$ comportant pour la première fois six ligands oxygène. Tandis que dans le premier composé les atomes d'oxygène se répartissent sur trois positions inner et trois positions apicales autour du cluster M$_6$, dans la seconde série, ils sont tous situés en position inner. Ces dispositions différentes de ces six ligands oxygène dans les motifs conduisent à deux types structuraux originaux: dans Na$_{0,21}$Nb$_6$Cl$_{10,5}$O$_3$, les motifs sont interconnectés par les ligands O$^{i\text{-}a}$, O$^{a\text{-}i}$ pour former des pseudo-couches qui sont reliées entre elles par des pont chlore, tandis que dans A$_x$TR$_3$M$_6$X$_{15}$O$_6$, les motifs discrets s'empilent selon un réseau *c.f.c.* Dans ces derniers composés, des halogènes qui n'appartiennent pas aux motifs relient entre eux deux terres rares pour former des entités TR$_2$X$_2$, ce qui est observé pour la première fois dans un oxyhalogénure comportant des terres rares. Dans tous ces composés, les cations monovalents ou divalents occupent partiellement leurs sites respectifs. Les propriétés électroniques qui découlent de l'arrangement des six oxygènes dans le motif sont en accord avec les calculs théoriques effectués précédemment, mettant en évidence un caractère M-L^i antiliant au niveau a_{2u} de la structure électronique qui devient prépondérant à partir de trois ligands oxygène inner par motif M_6L_{18}.

CHAPITRE VI

EVOLUTION ET INTERCONNEXION DES MOTIFS Nb$_6$L$_{18}$ DANS LES OXYCHLORURES A CLUSTERS OCTAEDRIQUES DE NIOBIUM

Dans ce chapitre nous avons regroupé et comparé l'ensemble des données structurales obtenues pour les différents oxychlorures de niobium isolés au cours de ce travail, complétées par les données préalablement reportées pour tous les autres oxychlorures, ainsi que pour les chlorures et oxydes à cluster Nb$_6$. Les oxybromures ainsi que les composés du tantale pour lesquels très peu de données structurales sont disponibles ne seront cités qu'à titre de comparaison. Tous ces résultats vont nous permettre de discuter l'évolution stérique et électronique du motif Nb$_6$L$_{18}$ en fonction du nombre de ligands oxygène par motif et de leur répartition sur les positions inner et apicales, ainsi que l'influence de ces ligands oxygène sur les connexions intermotifs dans les différentes structures. Les discussions partielles de chaque chapitre seront reprises afin de les placer dans un contexte plus général, ce qui va nous permettre de dégager certaines caractéristiques propres aux oxychlorures à clusters octaédriques de niobium.

I. EVOLUTION STERIQUE ET ELECTRONIQUE DU MOTIF Nb$_6$L$_{18}$ EN FONCTION DU NOMBRE DE LIGANDS OXYGENE

Les motifs Nb$_6$L$_{18}$ observés dans tous les oxychlorures à cluster Nb$_6$ isolés jusqu'à présent sont schématisés sur les Figures VI-1a et VI-1b en fonction du nombre de ligands oxygène, selon deux orientations différentes pour plus de clarté. La formule développée de ces motifs dans les différentes structures, ainsi que l'évolution de leur VEC et de leur charge en fonction du nombre d'atomes d'oxygène sont résumées dans le Tableau VI-1; pour comparaison, quelques données concernant des chlorures et des oxydes à clusters octaédriques de niobium y sont également reportées.

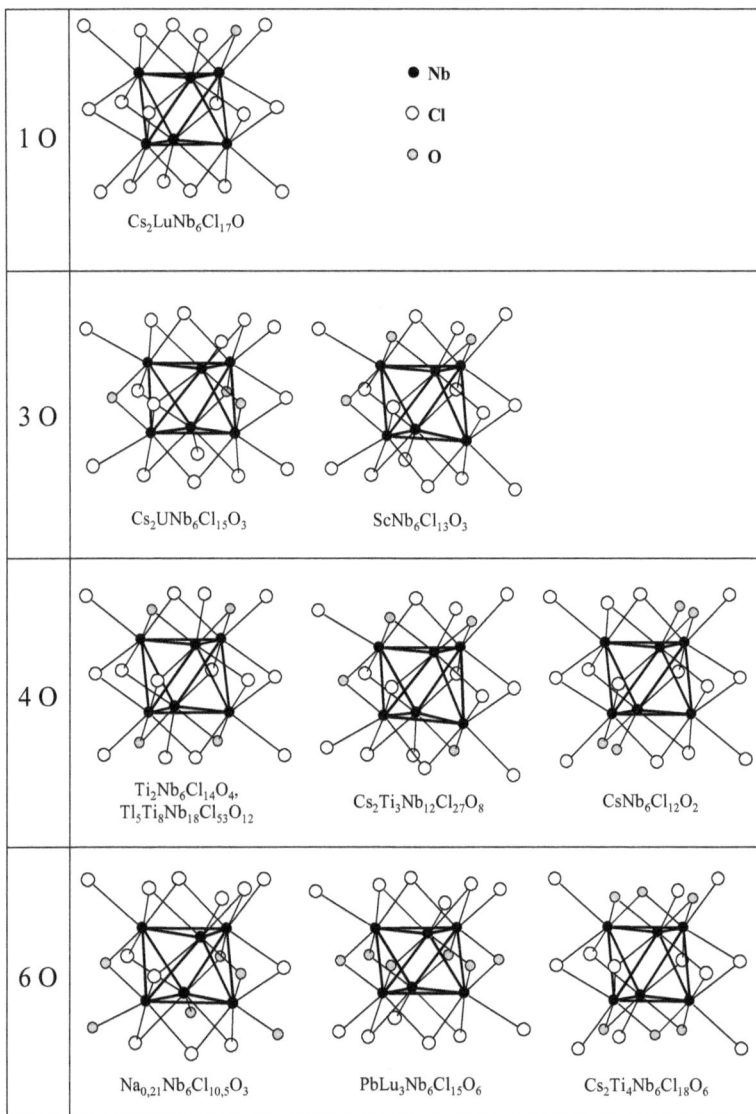

Figure VI-1a: Evolution des motifs Nb6L18 dans les oxychlorures de niobium: vue en perspective

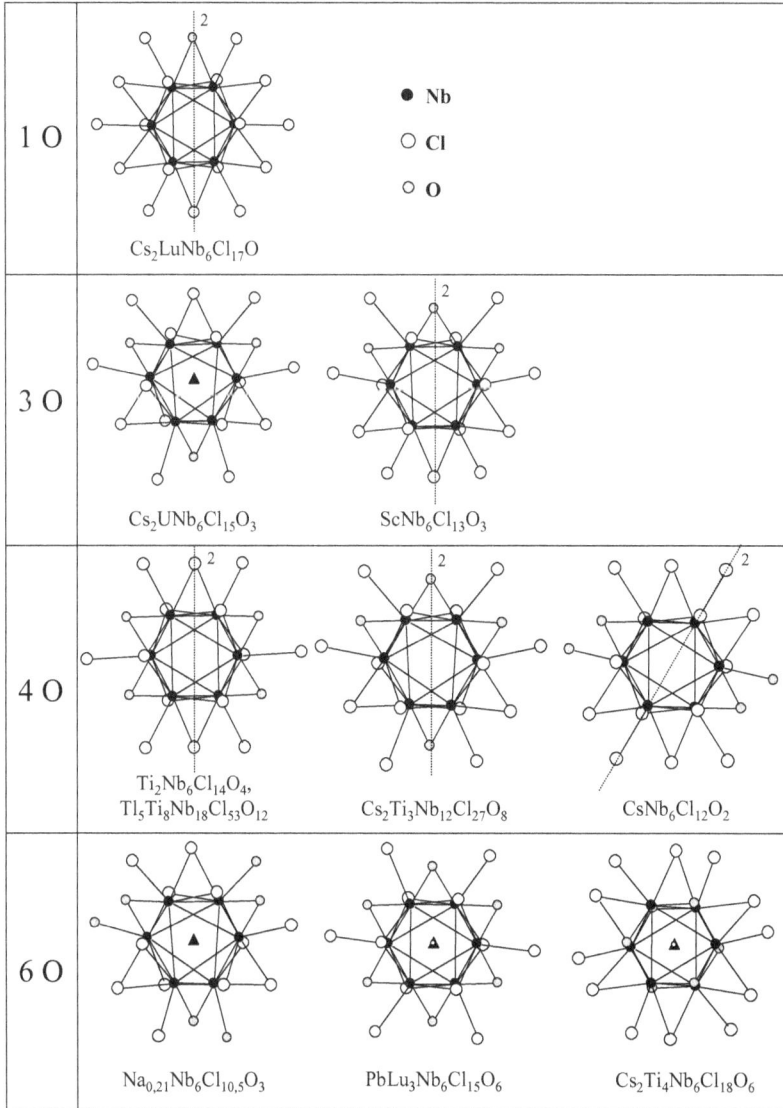

1 O	$Cs_2LuNb_6Cl_{17}O$
3 O	$Cs_2UNb_6Cl_{15}O_3$ — $ScNb_6Cl_{13}O_3$
4 O	$Ti_2Nb_6Cl_{14}O_4$, $Tl_5Ti_8Nb_{18}Cl_{53}O_{12}$ — $Cs_2Ti_3Nb_{12}Cl_{27}O_8$ — $CsNb_6Cl_{12}O_2$
6 O	$Na_{0,21}Nb_6Cl_{10,5}O_3$ — $PbLu_3Nb_6Cl_{15}O_6$ — $Cs_2Ti_4Nb_6Cl_{18}O_6$

Figure VI-1b: Motifs Nb_6L_{18} dans les oxychlorures: vue selon l'axe ternaire ou pseudo-ternaire, avec les éléments de symétrie schématisés

Tableau VI-1: Evolution des motifs M_6L_{18} pour les composés à clusters octaédriques de niobium

Composé	Groupe d'espace	VEC	Motif développé	m	Symétrie*	Réf.
$Cs_2PbNb_6Cl_{18}$	$R\text{-}3$	16	$[(Nb_6Cl^i_{12})Cl^a_6]^{m-}$	4	D_{3d}	VI.1
$CsLuNb_6Cl_{18}$	$P\text{-}31c$	16	$[(Nb_6Cl^i_{12})Cl^a_6]^{m-}$	4	D_{3d}	VI.2
$KLuNb_6Cl_{18}$	$R\text{-}3$	16	$[(Nb_6Cl^i_{12})Cl^a_6]^{m-}$	4	D_{3d}	VI.3
$LuNb_6Cl_{18}$	$R\text{-}3$	15	$[(Nb_6Cl^i_{12})Cl^a_6]^{m-}$	3	D_{3d}	VI.3
$Cs_2LuNb_6Cl_{17}O$	$R\text{-}3$	16	$[(Nb_6Cl^i_{11}O^i)Cl^a_6]^{m-}$	5	C_2	VI.4
$Cs_2UNb_6Cl_{15}O_3$	$P\text{-}31c$	14	$[(Nb_6Cl^i_9O^i_3)Cl^a_6]^{m-}$	5	D_3	VI.5
$ScNb_6Cl_{13}O_3$	$I4_122$	14	$[(Nb_6Cl^i_9O^i_3)Cl^a_2Cl^{a\text{-}a}_{4/2}]^{m-}$	3	C_2	VI.6
$Ti_2Nb_6Cl_{14}O_4$	$C2/c$	14	$[(Nb_6Cl^i_8O^i_4)Cl^a_2Cl^{a\text{-}a}_{4/2}]^{m-}$	4	C_{2h}	VI.7
$Tl_5Ti_8Nb_{18}Cl_{53}O_{12}$	$P\text{-}31c$	14	$[(Nb_6Cl^i_8O^i_4)Cl^a_2Cl^{a\text{-}a}_{4/2}]^{m-}$	4	C_{2h}	VI.8
$Cs_2Ti_3Nb_{12}Cl_{27}O_8$	$Pnma$	14	$[(Nb_6Cl^i_8O^i_4)Cl^a_3Cl^{a\text{-}a}_{3/2}]^{m-}$	4,5	C_2	VI.9
$CsNb_6Cl_{12}O_2$	$P2_1/c$	15	$[(Nb_6Cl^i_{10}O^{i\text{-}a}_{2/2})O^{a\text{-}i}_{2/2}Cl^{a\text{-}a}_{4/2}]^{m-}$	1	C_{2h}	ce travail
$Na_{0,21}Nb_6Cl_{10,5}O_3$	$R\text{-}3c$	13,71	$[(Nb_6Cl^i_9O^{i\text{-}a}_{3/2})O^{a\text{-}i}_{3/2}Cl^{a\text{-}a}_{3/2}]^{m-}$	0,21	C_3	ce travail
$PbLu_3Nb_6Cl_{15}O_6$	$Pn\text{-}3$	14	$[(Nb_6Cl^i_6O^i_6)Cl^a_6]^{m-}$	8	D_{3d}	ce travail
$K_{1,24}Lu_3Nb_6Cl_{15}O_6$	$Pn\text{-}3$	13,24	$[(Nb_6Cl^i_6O^i_6)Cl^a_6]^{m-}$	7,24	D_{3d}	ce travail
$Cs_2Ti_4Nb_6Cl_{18}O_6$	$P\text{-}31c$	14	$[(Nb_6Cl^i_6O^i_6)Cl^a_6]^{m-}$	8	D_{3d}	VI.10
KNb_8O_{14}	$Pbam$	13	$[(Nb_6O^i_8O^{i\text{-}a}_{2/2}O^{i\text{-}a}_{2/2}O^{a\text{-}i}_{2/2}O^{a\text{-}i}_{2/2}O^{a\text{-}a}_{4/2}]^{m-}$	4	C_2	VI.11
$Ti_2Nb_6O_{12}$	$R\text{-}3$	14	$[(Nb_6O^i_6O^{i\text{-}a}_{6/2})O^{a\text{-}i}_{6/2}]^{m-}$	8	D_{3d}	VI.12

*Certaines de ces symétries correspondent à une symétrie idéalisée qui ne tient pas compte des très faibles déviations liées au groupe d'espace

I.1. Arrangements des ligands oxygène autour du cluster

Les atomes d'oxygène peuvent occuper les positions inner et/ou les positions apicales du motif Nb_6L_{18}. Cependant une préférence pour les positions inner semble se dégager puisque, jusqu'à présent, seuls deux exemples de motifs existent avec des ligands oxygène apicaux: $CsNb_6Cl_{12}O_2$ et $Na_{0,21}Nb_6Cl_{10,5}O_3$. De plus, il faut noter qu'à l'exception d'un seul cas, $Cs_2LuNb_6Cl_{17}O$, les atomes d'oxygène et de chlore sont ordonnés dans leurs positions respectives. Cette situation est très différente de celle que l'on rencontre avec les chlorofluorures à clusters Nb_6 basés sur les mêmes types de motifs M_6L_{18}, pour lesquels des occupations statistiques Cl/F sur tous les sites apparaissent presque systématiquement. Cette différence entre le fluor et l'oxygène doit être liée à la charge plus qu'à l'électronégativité du ligand. En effet, le fluor plus électronégatif mais de même charge se comporte comme le chlore conduisant au même type de liaison avec le niobium, ce qui entraîne les occupations statistiques observées malgré la différence de rayon.

Dans le cas d'un seul atome d'oxygène par motif, comme par exemple dans $Cs_2LuNb_6Cl_{17}O$, les résultats structuraux indiquent que celui-ci occupe de façon statistique chacune des douze positions inner. Chaque motif de la structure doit donc contenir un oxygène inner afin de conserver le même VEC de 16 pour tous les motifs, ce qui conduit localement à une symétrie C_2.

Pour trois atomes d'oxygène par motif, deux isomères ont été observés dans les deux oxychlorures $Cs_2UNb_6Cl_{15}O_3$ et $ScNb_6Cl_{13}O_3$. Dans le premier composé ces trois oxygènes sont localisés en position *trans*- par rapport au cluster Nb_6, conduisant à la symétrie D_3, tandis que dans le second cas, ils sont en position *cis*- entraînant une symétrie C_2. Des calculs théoriques réalisés en méthode de la fonctionnelle de la densité pour ces deux isomères ont montré une différence d'énergie d'environ 10 kcal/mole en faveur de l'isomère de symétrie D_3 [VI.13]. Du point de vue géométrique, il est évident que les contraintes stériques exercées sur le cluster Nb_6 du fait de l'arrangement des trois ligands oxygène parmi les atomes de chlore dans les motifs Nb_6L_{18}, sont mieux réparties pour l'isomère D_3 que pour l'isomère C_2.

Pour quatre atomes d'oxygène par motif, trois isomères sont connus, dans $Ti_2Nb_6Cl_{14}O_4$, $CsNb_6Cl_{12}O_2$ et $Cs_2Ti_3Nb_{12}Cl_{27}O_8$. Dans ce dernier composé, l'arrangement *cis*- des trois ligands oxygène inner déjà présent dans $ScNb_6Cl_{13}O_3$ est retrouvé, tandis qu'un oxygène supplémentaire, situé sur l'axe 2 de l'autre côté du cluster, complète l'environnement tout en maintenant la symétrie C_2. Pour les deux autres composés les quatre ligands oxygène se localisent de part et d'autre du cluster (symétrie C_{2h}), répartissant ainsi de façon homogène les distorsions du cluster qu'ils engendrent.

Dans le cas de six ligands oxygène par motifs, trois isomères ont été rencontrés. Pour $PbLu_3Nb_6Cl_{15}O_6$ six atomes d'oxygène pontent les six arêtes reliant les deux triangles Nb_3 formant le cluster, ce qui conduit à une symétrie D_{3d}. Dans $Cs_2Ti_4Nb_6Cl_8O_6$, un motif de même symétrie que dans ce dernier composé est rencontré, mais dans lequel les ligands inner oxygène et chlore sont inversés. Ces deux types de motifs conduisent à une répartition homogène des différentes distorsions. Dans $Na_{0,21}Nb_6Cl_{10,5}O_3$, trois ligands oxygène sont inner et se répartissent comme dans $Cs_2UNb_6Cl_{15}O_3$, tandis que les trois autres sont apicaux et sont situés en position *cis*-par rapport au cluster. Cette dernière situation n'entraîne pas une trop grande distorsion du cluster puisque, comme nous le verrons par la suite, les ligands apicaux n'ont que peu d'influence sur les longueurs des liaisons Nb-Nb intracluster.

A côté des exemples précédents, des motifs comportant deux, cinq ou plus de six ligands oxygène n'ont pas encore été observés. Cependant, la grande diversité des motifs obtenus jusqu'à présent laisse supposer que d'autres composés avec des motifs isomères pourraient encore être isolés (voir ci-dessous le nombre d'isomères théoriquement possibles en ne tenant compte que des ligands inner, d'après réf. VI.14). En effet, pour tous les motifs obtenus, le remplacement du chlore par l'oxygène et *vice-versa* devrait maintenir une répartition analogue des distorsions du cluster et donc la possibilité du point de vue géométrique de stabiliser de telles phases comme dans l'exemple de $PbLu_3Nb_6Cl_{15}O_6$ et $Cs_2Ti_4Nb_6Cl_8O_6$. Cependant, d'autres paramètres comme la charge trop importante du motif pourraient alors limiter la stabilité de tels composés.

Très récemment viennent d'être publiés les premiers exemples d'oxychlorures de tungstène à motifs M_6L_{18}, obtenus par chimie en solution, $(Bu_4N)_3[W_6O_7Cl_{11}]$, $(Bu_4N)_2[\alpha-W_6O_6Cl_{12}]$ et $(Bu_4N)_2[\beta-W_6O_6Cl_{12}]$ [VI.14]. Ces deux derniers composés présentent des motifs $[W_6O_6Cl_{12}]^{2-}$ (isomères α- et β-), dans lesquels la répartition des atomes de chlore et d'oxygène est identique à celle que l'on retrouve dans

$PbLu_3Nb_6Cl_{15}O_6$ et $Cs_2Ti_4Nb_6Cl_{18}O_6$ respectivement. Dans $(Bu_4N)_3[W_6O_7Cl_{11}]$, six atomes d'oxygène sont répartis sur les sites inner comme dans $PbLu_3Nb_6Cl_{15}O_6$, tandis que le septième oxygène occupe statistiquement quatre des six positions inner restantes.

Formule $M_6L^i_{12}$	Nombre d'isomères*
M_6OX_{11}, $M_6O_{11}X$	1
$M_6O_2X_{10}$, $M_6O_{10}X_2$	4
$M_6O_3X_9$, $M_6O_9X_3$	9
$M_6O_4X_8$, $M_6O_8X_4$	18
$M_6O_5X_7$, $M_6O_7X_5$	24
$M_6O_6X_6$	30

*Nombre total incluant les isomères chiraux.

I.2. Evolution du VEC et de la charge du motif

Les halogénures à motif Nb_6L_{18} obtenus en chimie du solide présentent systématiquement des VEC de 16 ou 15, observés par exemple pour $Cs_2PbNb_6Cl_{18}$ ou $LuNb_6Cl_{18}$ respectivement, tandis que les oxydes à clusters Nb_6 possèdent préférentiellement des VEC de 14, observés par exemple pour $BaNb_8O_{14}$ [VI.15]. En revanche, nous avons noté au cours de notre travail que dans les oxychlorures, la valeur du VEC varie de 16 à des valeurs inférieures à 14. En reliant ces valeurs aux résultats structuraux, nous avons pu en déduire que, dans les oxychlorures, la valeur observée du VEC est corrélée au nombre d'oxygènes par motif Nb_6L_{18} ainsi qu'à leur répartition entre les positions inner et apicales. En effet, les résultats expérimentaux montrent que les composés présentant un ou deux ligands oxygène inner par motif ont des VEC de 16 ou 15 comme les halogénures, tandis que les composés comportant trois oxygènes inner par motif ou plus présentent des VEC de 14 comme les oxydes à clusters Nb_6.

Comme nous l'avons déjà mentionné dans les chapitres précédents, les résultats des études théoriques permettent d'expliquer cette différence: pour le motif Nb_6L_{18}, le niveau HOMO de symétrie a_{2u} présente un caractère Nb-Nb liant avec une contribution Nb-L^i antiliante, tandis que les ligands apicaux n'ont aucune influence sur ce niveau (voir Figure VI-2). Lorsque le ligand L^i est un halogène cette contribution reste faible, tandis qu'elle devient prépondérante lorsque L^i est un oxygène. Dans ce dernier cas, le niveau a_{2u} devient globalement antiliant et ne peut plus être occupé par deux électrons de valence du cluster: le VEC observé s'abaisse alors à 14. Lorsque les ligands inner halogène sont partiellement remplacés par des ligands oxygène comme c'est le cas pour les oxychlorures, cette contribution antiliante $Nb-L^i$ s'accroît lorsque le nombre de ligands oxygène inner par motif augmente. Elle reste faible pour un ou deux atomes d'oxygène inner par motif et les propriétés électroniques des oxychlorures correspondants restent analogues à celles des halogénures avec des VEC de 16 ou 15.

En revanche, elle devient prépondérante pour trois oxygènes inner ou plus par motif; cette orbitale est alors déstabilisée et les composés correspondants présentent alors des VEC préférentiels de 14 comme pour les oxydes. Dans le tableau ci-dessous (d'après réf. VI.13) sont regroupées les écarts d'énergie HOMO-1/HOMO (ΔE_1) et HOMO/LUMO (ΔE_2) (voir Figure VI-2) pour un chlorure et pour les oxychlorures présentant un ou trois atomes d'oxygène inner. Ces valeurs mettent ainsi en évidence la déstabilisation progressive du niveau a_{2u} (diminution de ΔE_2) lorsque le nombre de ligands oxygène inner par motif augmente.

motif	$[Nb_6Cl_{18}]^{4-}$	$[Nb_6Cl_{18}]^{3-}$	$[Nb_6Cl_{17}O]^{5-}$	$[Nb_6Cl_{15}O_3]^{5-}$	
				isomère C_2	isomère D_3
VEC	16	15	16	14	14
ΔE_1 (eV)	0,640	0,472	0,754	0,607	1,456
ΔE_2 (eV)	1,106	0,575	0,826	0,177	0

La valeur de ΔE_2 devient nulle pour $Cs_2UNb_6Cl_{15}O_3$ (isomère de symétrie D_3), et le niveau "a_{2u}" (a_2 en symétrie D_3) rejoint alors le bloc des niveaux métal-métal antiliants. L'importance des ligands inner et le peu d'influence des ligands apicaux sur les propriétés électroniques, qui avaient été mis en évidence lors des études théoriques précédentes, sont confirmés à travers les exemples de $CsNb_6Cl_{12}O_2$ et $Ti_2Nb_6Cl_{14}O_4$ qui présente tous deux quatre oxygènes par motif. En effet, ce dernier composé dans lequel les quatre atomes d'oxygène du motif sont en position inner présente un VEC de 14, alors que celui-ci est de 15 pour $CsNb_6Cl_{12}O_2$ dans lequel seulement deux des quatre ligands oxygène sont en position inner, les deux autres étant en position apicale.

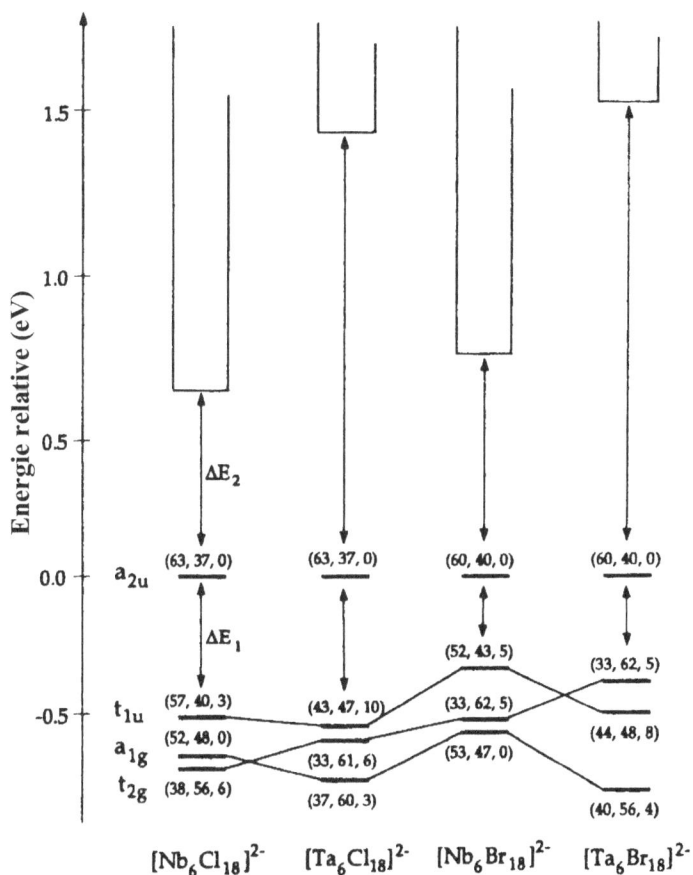

Figure VI-2: Diagrammes des niveaux d'énergie (SR-DFT) pour les modèles $[M_6X^i_{12}X^a_6]^{2-}$ (M = Nb, Ta; X = Cl, Br). Les nombres entre parenthèses indiquent le pourcentage de M, X^i et X^a respectivement, d'après [VI.13]

Les valeurs formelles fractionnaires du VEC calculées à partir des résultats structuraux pour certains de nos composés, 13,71 pour $Na_{0,21}Nb_6Cl_{10,5}O_3$ et 13,24 pour $K_{1,24}Lu_3Nb_6Cl_{15}O_6$ doivent se traduire concrètement par la coexistence dans un même composé de motifs à VEC = 14 et VEC = 13, rendue possible par le désordre cationique existant autour de ces différents motifs. Des VEC de 13 ont été observés dans quelques composés, comme par exemple KNb_8O_{14} [VI.11], $A_2Ta_{15}O_{32}$ (A = K, Rb) [VI.16] ou $Cs_2BaTa_6Br_{15}O_3$ [VI.17].

Dans la chimie des halogénures à cluster Nb_6, la charge la plus élevée obtenue jusqu'à présent pour le motif Nb_6L_{18} est 4-, par exemple dans $K_4Nb_6Cl_{18}$ [VI.18] et $KLuNb_6Cl_{18}$ [VI.3] (respectivement: $K^+_4(Nb_6Cl_{18})^{4-}$ ou $K^+Lu^{3+}(Nb_6Cl_{18})^{4-}$). Pour les oxyhalogénures, le nombre croissant de ligands oxygène par motif permet d'en augmenter la charge anionique. Celle-ci peut atteindre des valeurs allant jusqu'à 8- dans $PbLu_3Nb_6Cl_{15}O_6$ qui peut s'écrire: $Pb^{2+}(Lu_2Cl_2)^{4+}_{1,5}(Nb_6Cl_{12}O_6)^{8-}$. De telles charges impliquent une compensation cationique élevée et sont trouvées préférentiellement dans les oxyhalogénures comportant des cations trivalents comme les terres rares. Très peu d'exemples de composés à clusters octaédriques présentant des charges anioniques aussi élevées sont rapportés dans la littérature. Dans la chimie des composés à motifs M_6L_{14}, nous pouvons cependant citer à titre d'exception l'exemple de $Cs_{10}Re_6S_{14}$ [VI.19] à cluster octaédrique de rhénium dans lequel le motif (Re_6S_{14}) présente une charge 10- compensée par la présence de dix atomes de césium autour du motif.

I.3. Evolution des distances intramotif

I.3.1. Rappels sur l'influence du VEC et de l'effet de matrice sur les distances dans le motif M_6L_{18}

Des travaux antérieurs ont clairement montré que les distances intramotif étaient sensibles à deux effets indépendants, un effet électronique et un effet de matrice. Ainsi, dans les composés à motifs M_6L_{18}, les distances M-M et M-L^i sont étroitement liées au nombre d'électrons de valence par cluster. En effet, l'orbitale moléculaire HOMO de symétrie a_{2u} présente un caractère M-M liant et M-L^i antiliant. Le dépeuplement de ce niveau va affaiblir les liaisons M-M intracluster et donc entraîner leur allongement, tandis qu'il va renforcer les liaisons M-L^i qui deviendront plus courtes. Cet effet a été mis en évidence dans les halogénures, par exemple en comparant les distances correspondantes dans les composés isotypes $KLuNb_6Cl_{18}$ (VEC = 16) et $LuNb_6Cl_{18}$ (VEC = 15) [VI.3] (Tableau VI-2). Le passage d'un VEC de 16 à 15 se traduit par un allongement de 0,04 Å pour les distances Nb-Nb et un raccourcissement de 0,02 Å pour les distances Nb-Cl^i.

Tableau VI-2: Distances interatomiques moyennes (Å) dans les composés à clusters octaédriques de niobium

Composé	VEC	Distance Nb-Nb*	dNb-Nb	dNb-Cl^i	dNb-O^i	dNb-Cl^a	dNb-Cl$^{a\text{-}a}$	dNb-O^a
$Cs_2PbNb_6Cl_{18}$	16	2,9310(5)-2,9396(1)	2,935	2,460	-	2,597	-	-
$CsLuNb_6Cl_{18}$	16	2,910(1)-2,917(1)	2,914	2,445	-	2,667	-	-
$KLuNb_6Cl_{18}$	16	2,914(1)-2,918(1)	2,916	2,452	-	2,654	-	-
$LuNb_6Cl_{18}$	15	2,951(1)-2,961(1)	2,956	2,432	-	2,623	-	-
$Cs_2LuNb_6Cl_{17}O$	16	2,9131(3)-2,9181(3)	2,916	2,465	-	2,693	-	-
$Cs_2UNb_6Cl_{15}O_3$	14	2,777(1)-3,024(1)	2,948	2,468	1,956	2,581	-	-
$ScNb_6Cl_{15}O_3$	14	2,805(2)-3,007(1)	2,944	2,452	1,991	2,590	2,601	-
$Ti_2Nb_6Cl_{14}O_4$	14	2,8174(7)-2,9916(7)	2,927	2,454	2,026	2,630	2,595	-
$Tl_5Ti_{8}Nb_{18}Cl_{53}O_{12}$	14	2,8164(10)-2,9824(9)	2,927	2,455	2,012	2,592	2,652	-
$Cs_2Ti_3Nb_{12}Cl_{27}O_8$	14	2,7759(12)-3,0283(11)	2,929	2,464	2,001	2,611	2,626	-
$CsNb_6Cl_{12}O_2$	15	2,804(1)-3,037(1)	2,932	2,468	1,994	-	2,609	2,179
$Na_{0,21}Nb_6Cl_{10,5}O_3$	13,71	2,7825(4)-3,0364(4)	2,961	2,466	1,975	-	2,564	2,228
$PbLu_3Nb_6Cl_{15}O_6$	14	2,7900(8)-3,0173(9)	2,904	2,517	1,992	2,588	-	-
$K_{1,24}Lu_3Nb_6Cl_{15}O_6$	13,24	2,798(2)-3,027(3)	2,913	2,507	2,004	2,577	-	-
$Cs_2Ti_4Nb_6Cl_{18}O_6$	14	2,811(1)-2,979(1)	2,895	2,495	2,023	2,583	-	-
KNb_8O_{14}	13	2,742(4)-2,851(2)	2,822	-	2,091	-	-	2,178
$Ti_2Nb_6O_{12}$	14	2,7896(4)-2,8502(4)	2,820	-	2,096	-	-	2,212

*Valeurs extrêmes des distances effectives observées dans les différentes structures

133

L'effet de matrice sur les distances M-M intracluster est associé au rayon du ligand lié au cluster, en particulier le ligand inner qui ponte une liaison métal-métal. Le remplacement d'un ligand inner par un autre de rayon plus important impose un allongement de la liaison M-M par simple effet stérique. En effet, dans le motif M_6L_{18} les douze ligands inner forment un cuboctaèdre $(L^i)_{12}$ dans lequel ils sont en contact entre eux. Ce volume $(L^i)_{12}$ constitue ainsi une matrice à laquelle est lié le cluster M_6. Tout ce qui va influer sur le volume de ce cuboctaèdre, en particulier le rayon du ligand inner, se répercutera donc sur la taille du cluster. Cet effet peut être quantifié dans les halogénures en comparant un chlorure et un bromure isotypes, par exemple $CsLuNb_6Cl_{18}$ [VI.2] et $CsErNb_6Br_{18}$ [VI.20] avec les distances Nb-Nb respectives: 2.913 Å et 2.954 Å ou $CsErTa_6Cl_{18}$ et $CsErTa_6Br_{18}$ [VI.21] qui présentent des distances Ta-Ta de 2.874 Å et 2.898 Å respectivement.

I.3.2. Influence du nombre de ligands oxygène inner sur les distances intracluster

La distribution de l'oxygène parmi les atomes de chlore, en particulier sur les positions inner du motif M_6L_{18}, entraîne une importante distorsion du cluster par effet de matrice, en raison de la grande différence de rayon entre l'oxygène et le chlore. Par exemple, dans $PbLu_3Nb_6Cl_{15}O_6$, la distance Nb-Nb intracluster varie de 2.7900(8) Å à 3.0173(9) Å pour les liaisons pontées par l'oxygène et le chlore respectivement (Tableau VI-2). Des distorsions aussi importantes n'ont jusqu'à présent jamais été rencontrées pour d'autres composés à ligands mixtes tels que les fluorochlorures et fluorobromures à motifs Nb_6L_{18} ou les chalcohalogénures de molybdène ou de rhénium. En revanche, dans les trois oxychlorures de tungstène $(Bu_4N)_3[W_6O_7Cl_{11}]$, $(Bu_4N)_2[\alpha-W_6O_6Cl_{12}]$ et $(Bu_4N)_2[\beta-W_6O_6Cl_{12}]$ [VI.14], la distorsion du cluster W_6 est du même ordre de grandeur que celle que l'on observe pour le cluster Nb_6 dans les oxychlorures: $dW-W = 2,692(4) - 2,869(4)$ Å; $2,693(3) - 2,914(5)$ Å et $2,704(2) - 2,889(9)$ Å dans $[W_6O_7Cl_{11}]^{3-}$, $[\alpha-W_6O_6Cl_{12}]^{2-}$ et $[\beta-W_6O_6Cl_{12}]^{2-}$ respectivement.

En conséquence de cet effet de matrice, la distance Nb-Nb moyenne pondérée dans le cluster Nb_6 dépend du nombre d'atomes d'oxygène inner par motif Nb_6L_{18}. Sur la Figure VI-3 est représentée la variation de cette distance moyenne en fonction du nombre de ligands oxygène inner par motif pour tous les oxychlorures obtenus jusqu'à présent. Cette variation est linéaire pour les composés présentant un VEC de 14. Les composés ayant des VEC différents s'écartent de cette droite, parce qu'à l'effet de matrice de l'oxygène s'ajoute l'effet électronique dû au nombre d'électrons de valence par cluster. Ainsi, $CsNb_6Cl_{12}O_2$ et $Cs_2LuNb_6Cl_{17}O$ avec des VEC de 15 et 16 ont des distances Nb-Nb moyennes nettement plus courtes que celles attendues pour un composé correspondant avec un VEC de 14, puisqu'un plus grand nombre d'électrons de valence est disponible dans les niveaux Nb-Nb liants renforçant ainsi la liaison métal-métal. L'inverse est observé pour $Na_{0,21}Nb_6Cl_{10,5}O_3$ et $K_{1,24}Lu_3Nb_6Cl_{15}O_6$ avec moins d'électrons de valence par cluster, respectivement 13,71 et 13,24.

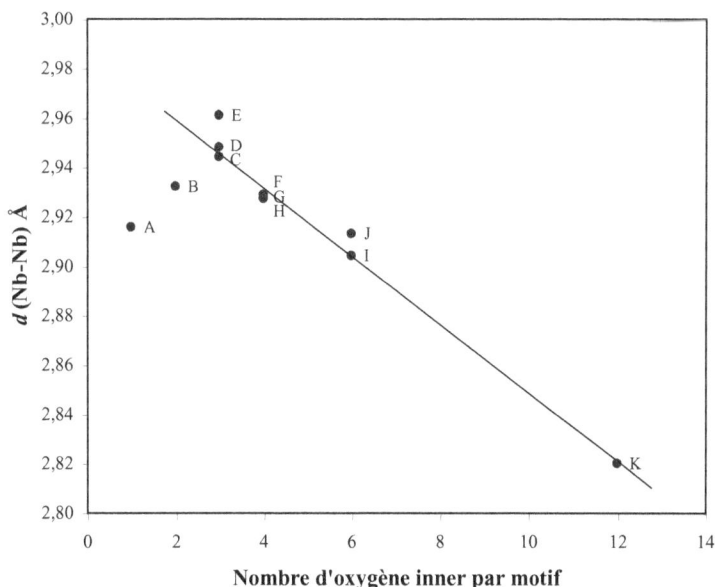

Figure VI-3: Variation des distances interatomiques Nb-Nb dans les clusters octaédriques de niobium en fonction du nombre de ligands oxygène inner par motif Nb_6L_{18}

A = $Cs_2LuNb_6Cl_{17}O$	B = $CsNb_6Cl_{12}O_2$	C = $ScNb_6Cl_{13}O_3$
D = $Cs_2UNb_6Cl_{15}O_3$	E = $Na_{0,21}Nb_6Cl_{10,5}O_3$	F = $Ti_2Nb_6Cl_{14}O_4$
G = $Tl_5Ti_8Nb_{18}Cl_{52}O_{12}$	H = $Cs_2Ti_3Nb_{12}Cl_{27}O_8$	I = $PbLu_3Nb_6Cl_{15}O_6$
J = $K_{1,24}Nb_6Cl_{15}O_6$	K = $Ti_2Nb_6O_{12}$	

Les autres distances intramotif ne semblent pas directement corrélées au nombre de ligands oxygène inner par motif. Ainsi, en dépit d'une plus forte répulsion électrostatique des ligands apicaux par le cœur inner ($M_6L^i_{12}$), les distances Nb-Cl^a varient peu lorsque le taux d'oxygène inner augmente: ceci est dû à un effet stérique moins important des ligands inner qui compense la répulsion électrostatique. Par exemple dNb-Cl^a = 2,581(2) Å et 2,588(2) Å dans $Cs_2UNb_6Cl_{15}O_3$ et $PbLu_3Nb_6Cl_{15}O_6$ respectivement. Notons de plus que les ligands inner et apicaux sont liés à différents types de cations, ce qui influe également sur les distances intramotif.

II. INTERCONNEXION DES MOTIFS DANS LES DIFFERENTES STRUCTURES DES OXYCHLORURES A CLUSTER Nb$_6$

Dans les structures des différents oxychlorures obtenus jusqu'à présent, les motifs peuvent être discrets ou connectés entre eux en mettant en commun des ligands inner et/ou des ligands apicaux. Les connexions caractéristiques des chlorures ou des oxydes à clusters M_6, peuvent apparaître simultanément dans les oxychlorures en relation avec l'arrangement respectif de l'halogène et de l'oxygène dans le motif M_6L_{18} et peuvent ainsi conduire à des propriétés anisotropes.

II.1. Connexions intermotifs par des ligands L$^{a\text{-}a}$

Les connexions intermotifs par des ligands L$^{a\text{-}a}$ apparaissent plus particulièrement dans les halogénures et entraîne le plus souvent la formation de ponts Nb-L$^{a\text{-}a}$-Nb coudés, sauf dans le cas du fluor qui conduit systématiquement à des ponts linéaires par exemple dans Nb_6F_{15} [VI.22]. Les distances Nb-Nb intercluster que ces ponts génèrent sont donc toujours importantes (> 4 Å). Dans les oxychlorures, ces ponts se développent selon une ou deux directions dans les composés $Na_{0,21}Nb_6Cl_{10,5}O_3$ et $CsNb_6Cl_{12}O_2$ respectivement et parfois donnent lieu à des enchaînements tout à fait originaux comme dans $ScNb_6Cl_{13}O_3$ (voir Figure I-7). Notons que pour tous les oxychlorures obtenus jusqu'à présent, ces ponts font toujours intervenir le chlore et jamais l'oxygène. Cependant, des ponts Nb-O$^{a\text{-}a}$-Nb peuvent se rencontrer dans les oxydes à cluster Nb$_6$, par exemple dans $LaNb_8O_{14}$ [VI.11] où ils se développent selon une direction. Il apparaît donc, d'après les résultats obtenus jusqu'à présent, que dans les oxychlorures ce type de pont se forme préférentiellement avec l'atome de chlore.

136

II.2. Connexions intermotifs par des ligands L^{i-a}

Les connexions intermotifs par des ligands L^{i-a} conduisent à deux possibilités d'orientation des deux clusters adjacents l'un par rapport à l'autre, représentées sur la Figure VI-4. Dans le premier cas, le sommet d'un cluster est situé dans le plan médian d'une arête du cluster adjacent (type (1), simple pont) ce qui entraîne des distances Nb-Nb intercluster relativement longues. Dans le second cas deux arêtes de deux clusters adjacents sont parallèles et les atomes intervenant dans ce type de connexion se correspondent par un centre d'inversion (type (2), double pont). Cette dernière disposition conduit à de plus courtes distances métal-métal intercluster.

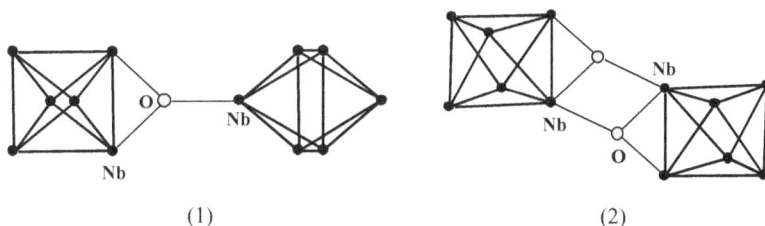

(1)   (2)

Figure VI-4: Deux types d'orientation du pont Nb-O^{i-a}-Nb dans les composés à clusters octaédriques de niobium

Le pont de type (1) n'apparaît que pour un seul halogénure, Nb_6Cl_{14} [VI.23], tandis qu'il est observé dans plusieurs oxydes tels que $LaNb_7O_{12}$ [VI.24] ou KNb_8O_{14} [VI.11]. Notons que dans Nb_6Cl_{14}, en raison de l'effet stérique dû aux ligands chlore, la distance Nb-Cl^{a-i} est de 3,01 Å, considérablement plus longue que celle d'une liaison niobium-chlore habituelle. En revanche, la distance Nb-O^{a-i} dans les oxydes (2,151 Å dans KNb_8O_{14}) est compatible avec l'existence d'une liaison Nb-O. Jusqu'à présent, aucun oxyhalogénure à cluster octaédrique ne présente ce type de connexion, tandis que dans notre oxychlorure $Nb_3Cl_5O_2$ décrit dans le chapitre III, elle apparaît pour la première fois dans un composé à cluster triangulaire de niobium.

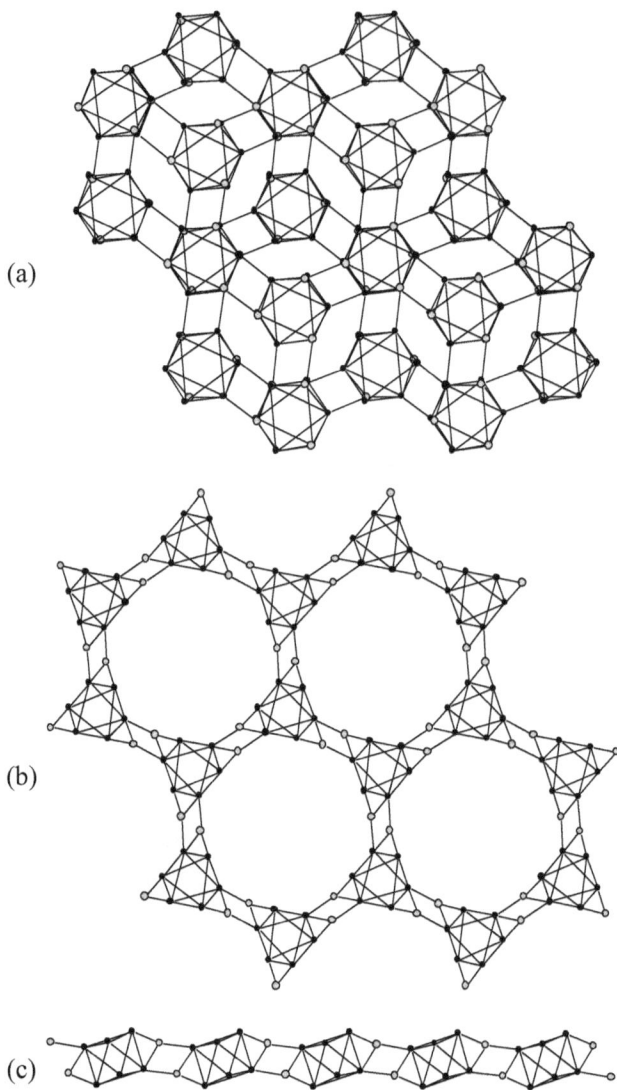

(a)

(b)

(c)

Figure VI-5: Connexions interclusters par les ligands oxygène O^{i-a}, O^{a-i} selon trois, deux ou une directions dans:
(a) $Ti_2Nb_6O_{12}$, (b) $Na_{0,21}Nb_6Cl_{10,5}O_3$ et (c) $CsNb_6Cl_{12}O_2$

La connexion de type (2) n'est jamais observée dans les halogénures, à l'exception des halogénures de zirconium et de terre rare, tels que $Zr_6X_{12}Be$ [VI.25] et $K_2La_6I_{12}Os$ [VI.26] respectivement, dans lesquels elle est associée à une longue distance M-M intercluster en raison de l'important encombrement stérique des atomes d'halogène et de la taille des clusters. En revanche, cette connexion apparaît dans des oxydes de niobium tels que $Ti_2Nb_6O_{12}$ où elle se développe dans les trois directions (Figure VI-5 (a)) [VI.12]. Elle a aussi été observée pour la première fois avec l'oxygène dans nos oxychlorures $CsNb_6Cl_{12}O_2$ et $Na_{0,21}Nb_6Cl_{10,5}O_3$ dans une et deux directions respectivement (Figure VI-5 (b) et (c)). Ce type de connexion est le même que celui qui existe dans les phases de Chevrel $M_xMo_6S_8$ [VI.27] basées sur des motifs M_6L_{14} à face pontée. Dans tous ces composés les distances métal-métal intercluster qui en découlent sont courtes (voir Figure VI-6). Cette disposition est favorable à des interactions entre les motifs pouvant entraîner, en fonction des comptes électroniques, un comportement conducteur et même supraconducteur comme dans les phases de Chevrel.

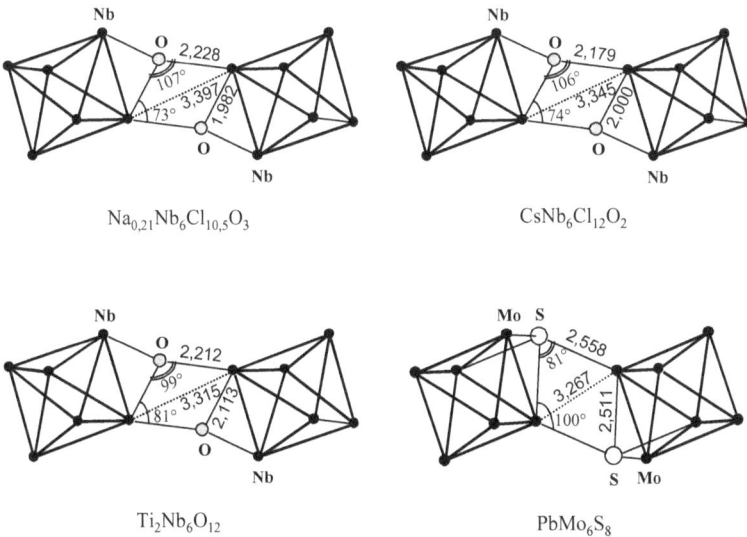

$Na_{0,21}Nb_6Cl_{10,5}O_3$

$CsNb_6Cl_{12}O_2$

$Ti_2Nb_6O_{12}$

$PbMo_6S_8$

Figure VI-6: Distances interclusters faisant intervenir les ligands L^{i-a} et L^{a-i} dans des composés à clusters octaédriques

II.3. Connexions intermotifs par des ligands L^{i-i}

Ce type de connexion relativement rare n'apparaît jamais avec les halogènes, à de très rares exceptions près trouvées parmi les halogénures à clusters octaédriques de terre rare tel que dans $La_{48}Br_{81}Os_8$ [VI.28]. Cette connexion semble être caractéristique de l'oxygène, par exemple dans $LaNb_8O_{14}$ [VI.24] ou des chalcogènes comme dans certains composés à motifs M_6L_{14} à faces pontées tels que Nb_6I_9S [VI.29] ou $Mo_6I_8Se_2$ [VI.30]. Dans ces composés, ce type de connexion se développe dans une direction selon laquelle apparaissent également les ponts $M-L^{a-a}-M$ et entraîne généralement de courtes distances métal-métal intercluster. Cette disposition conduit à des composés monodimensionnels. C'est le cas de "$Nb_{22}Cl_{32}O_{13}$" où, d'après les résultats préliminaires que nous avons obtenus (voir Annexe I) apparaît ce type de connexion, entraînant un caractère fibreux pour le composé. La connexion entre les clusters mettant en œuvre ce type de ligand L^{i-i} peut être considérée comme une étape intermédiaire vers la condensation des clusters Nb_6 par les arêtes pour former des chaînes infinies de clusters.

III. LOCALISATION DES CATIONS DANS LES STRUCTURES DES OXYCHLORURES A CLUSTERS Nb_6

Les sites des cations monovalents et divalents rencontrés dans les structures des oxychlorures à clusters Nb_6, sont le plus souvent très complexes et toujours formés par les atomes de chlore (Figure VI-7). L'oxygène n'intervient jamais dans ces sites, sauf dans le composé $Cs_2LuNb_6Cl_{17}O$ où il occupe statistiquement une position parmi les douze ligands inner qui participent à l'environnement des atomes de césium. Très souvent ces sites des cations monovalents ou divalents ne sont que partiellement occupés, par exemple dans $PbLu_3Nb_6Cl_{15}O_6$, $Na_{0,21}Nb_6Cl_{10,5}O_3$ ou $Cs_2Ti_4Nb_6Cl_{18}O_6$, ou même entièrement vacants comme dans "$Gd_3Nb_6Cl_{15}O_6$".

En revanche les sites des cations trivalents, qui sont totalement occupés dans tous les oxyhalogénures, sont toujours formés par des atomes d'halogène et d'oxygène (Figure VI-8); seul le lutécium dans $Cs_2LuNb_6Cl_{17}O$ n'est lié qu'à des atomes de chlore. En effet, les cations trivalents de rayons plus faibles que les monovalents ou les divalents, se concentrent dans les sites les plus petits des empilements structuraux, c'est à dire ceux où intervient l'oxygène.

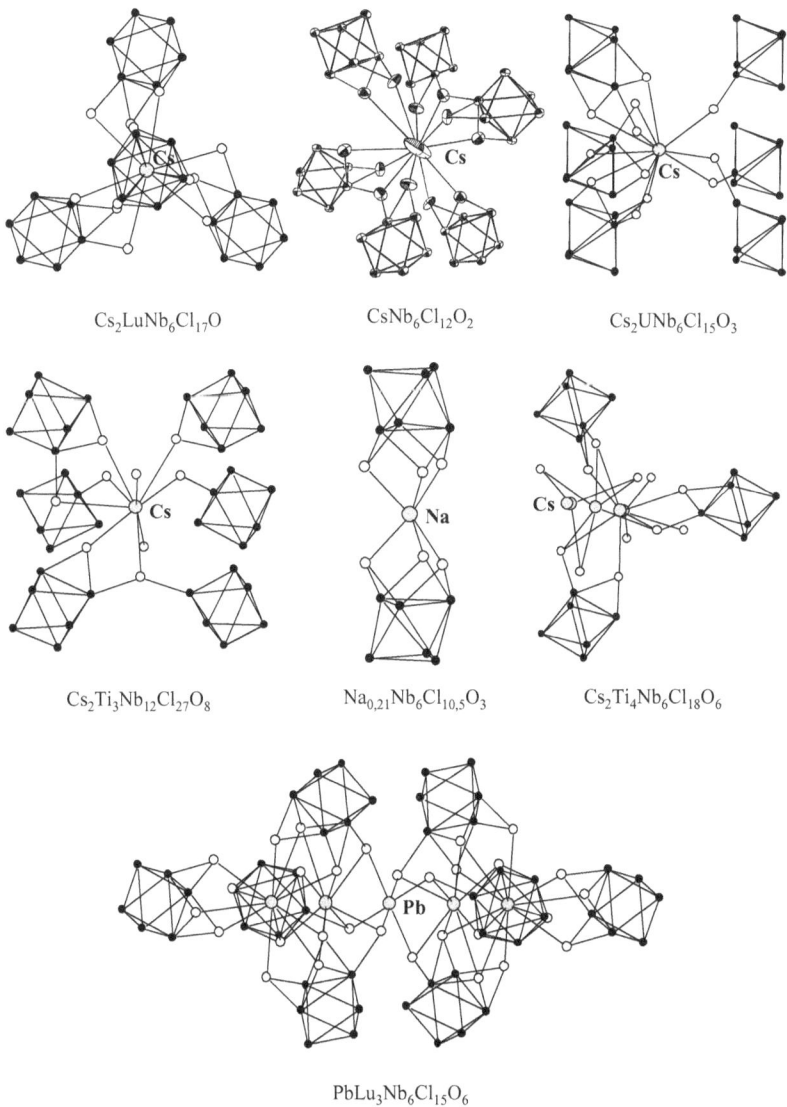

Cs$_2$LuNb$_6$Cl$_{17}$O

CsNb$_6$Cl$_{12}$O$_2$

Cs$_2$UNb$_6$Cl$_{15}$O$_3$

Cs$_2$Ti$_3$Nb$_{12}$Cl$_{27}$O$_8$

Na$_{0,21}$Nb$_6$Cl$_{10,5}$O$_3$

Cs$_2$Ti$_4$Nb$_6$Cl$_{18}$O$_6$

PbLu$_3$Nb$_6$Cl$_{15}$O$_6$

**Figure VI-7: Environnement des cations A$^+$ et Pb^{2+} dans les oxychlorures
à cluster octaédrique de niobium**

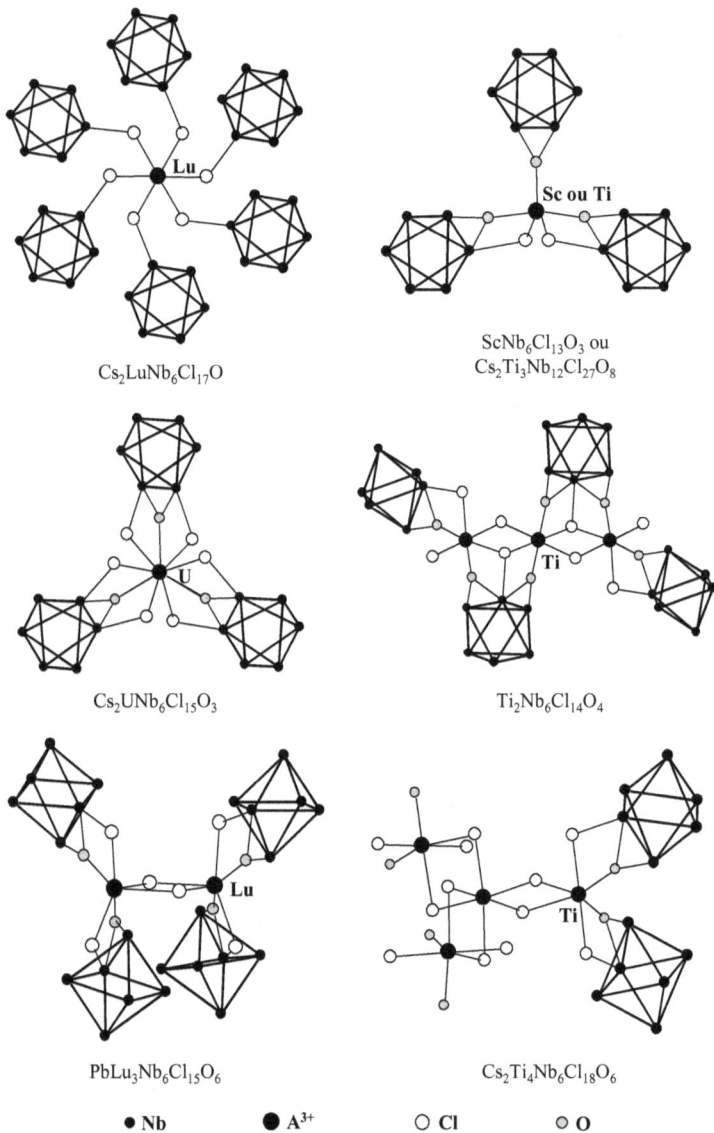

Cs$_2$LuNb$_6$Cl$_{17}$O

ScNb$_6$Cl$_{13}$O$_3$ ou
Cs$_2$Ti$_3$Nb$_{12}$Cl$_{27}$O$_8$

Cs$_2$UNb$_6$Cl$_{15}$O$_3$

Ti$_2$Nb$_6$Cl$_{14}$O$_4$

PbLu$_3$Nb$_6$Cl$_{15}$O$_6$

Cs$_2$Ti$_4$Nb$_6$Cl$_{18}$O$_6$

● Nb   ● A^{3+} ○ Cl   ◎ O

Figure VI-8: Environnement des cations trivalents (A^{3+}) dans les oxychlorures à cluster octaédrique de niobium

Par ailleurs, leur charge cationique plus élevée leur fait choisir préférentiellement les environnements comportant de l'oxygène qui entraînent une densité de charge négative locale plus importante. Ce sont donc ces cations trivalents qui sont responsables en priorité de la stabilité structurale, compte tenu des fortes interactions coulombiennes qui en résultent.

Il est à noter que, lorsque la structure ne comporte pas de cation trivalent, par exemple dans $Na_{0,21}Nb_6Cl_{10,5}O_3$ et $CsNb_6Cl_{12}O_2$, l'oxygène est lié au niobium d'un cluster adjacent (ligand O^{i-a}, O^{a-i}) ce qui complète sa coordinence à trois, coordinence qui apparaît pour l'oxygène dans tous les autres oxyhalogénures. Sur la figure VI-7 nous voyons en effet que l'oxygène est toujours lié à trois atomes métalliques: un cation et deux atomes du cluster.

La présence d'un halogène additionnel qui n'appartient pas au motif M_6L_{18} est observée dans quelques composés comportant un important taux de charges cationiques, par exemple $PbLu_3Nb_6Cl_{15}O_6$, $Ti_2Nb_6Cl_{14}O_4$ ou $Cs_2Ti_4Nb_6Cl_{18}O_6$; il y est toujours lié au cation trivalent. Sa présence dans ces structures permet alors de compenser l'excès de charges cationiques.

IV. CONCLUSION

Tous les oxychlorures connus à ce jour sont basés sur des motifs Nb_6L_{18} comportant un, trois, quatre ou six ligands oxygène, avec dans certains cas des motifs isomères. Ces atomes d'oxygène sont le plus souvent ordonnés en position inner ce qui entraîne d'importantes distorsions du cluster par effet stérique. Lorsque le nombre d'oxygènes inner par motif augmente, le VEC décroît de 16 comme pour les halogénures à 14 comme dans le cas des oxydes, en raison d'une contribution $M-L^i$ antiliante au niveau a_{2u} (HOMO pour les halogénures) qui devient prépondérante à partir de trois oxygènes inner par motif.

Les connexions intermotifs par les ligands apicaux observées habituellement dans les halogénures, ou par les ligands inner qui sont caractéristiques des oxydes, coexistent parfois dans un même composé. L'arrangement inhomogène du chlore et de l'oxygène dans le motif conduit alors à une répartition anisotrope de ces différentes liaisons.

Les empilements des motifs dans les différentes structures conduisent à deux types de sites cationiques: des sites formés uniquement par les atomes de chlore où ne sont situés que les cations monovalents ou divalents avec souvent des occupations statistiques, et des sites formés par des atomes de chlore et d'oxygène où sont localisés les cations trivalents en raison de leur faible rayon et de leur charge plus importante. Ces cations trivalents sont alors responsables de la cohésion structurale. L'absence de cations trivalents dans certaines structures est compensée par la présence de connexions de type O^{i-a}, O^{a-i}.

CONCLUSION GENERALE

Au cours de ce travail, nous avons synthétisé par réaction solide-solide de nouveaux oxyhalogénures à clusters triangulaires et octaédriques de niobium et de tantale. Nous avons déterminé leurs structures cristallines par diffraction des rayons X sur monocristal et nous avons, chaque fois que cela était possible, caractérisé leur comportement physique.

Dans une première partie, nous avons isolé les oxyhalogénures $M_3X_5O_2$ (M = Nb ou Ta, X = Cl et M = Ta, X = Br) qui constituent la première famille d'oxyhalogénures pseudo-binaires à clusters Nb_3 et Ta_3. La structure de $Nb_3Cl_5O_2$ est basée sur des motifs M_3L_{13}, du même type que ceux que l'on rencontre dans Nb_3Cl_8. Le cluster Nb_3, coiffé par un atome de chlore, est significativement déformé contrairement à ce que l'on observe habituellement, en raison de la différence de rayon des ligands qui pontent ses arêtes: un ligand chlore et deux ligands oxygène. Chacun de ces deux derniers est également relié au sommet d'un cluster voisin. Ce type de ligand (μ_3-O^{i-a}) est observé pour la première fois dans des composés à clusters triangulaires. Des ponts chlore entre clusters adjacents complètent les connexions interclusters dans lesquelles chaque cluster est lié à sept clusters voisins. La formule développée de ce composé s'écrit donc: $[Nb_3(\mu_3\text{-}Cl^i)(\mu_2\text{-}Cl^i)(\mu_3\text{-}O^{i-a})_{2/2}(\mu_3\text{-}O^{a-i})_{2/2}(\mu_2\text{-}Cl^{a-a})_{4/2}(\mu_3\text{-}Cl^{a-a-a})_{3/3}$. Ce nouvel arrangement des motifs M_6L_{13} conduit à la stœchiométrie $M_3X_5O_2$ qui correspond à 6 électrons de valence par cluster. Cette valeur du VEC est confirmée par l'absence de comportement magnétique.

Dans une deuxième partie nous nous sommes plus particulièrement intéressé aux oxyhalogénures à clusters octaédriques de niobium ou de tantale, basés sur des motifs M_6L_{18}. Nous avons tenté d'augmenter le nombre de ligands oxygène par motif qui, jusqu'au début de notre travail, se limitait à trois.

Nous avons ainsi obtenu la nouvelle famille $AM_6Cl_{12}O_2$ (A = Na, K, Rb, Cs et M = Nb; A = Cs et M = Ta) présentant quatre atomes d'oxygène par motifs. Les structures de $CsNb_6Cl_{12}O_2$ et $RbNb_6Cl_{12}O_2$ comportent des motifs dans lesquels deux ligands oxygène sont en positions inner tandis que les deux autres sont, pour la première fois, en positions apicales, et qui s'écrivent $[(Nb_6Cl^i_{10}O^i_2)O^a_2Cl^a_4]$. Ces motifs sont reliés par l'intermédiaire des ligands O^{i-a}, O^{a-i} selon une direction pour former des chaînes qui sont liées entre elles par des ponts chlore. Le cation alcalin est entouré de douze ligands chlore appartenant à six clusters différents La formule développée de ces composés s'écrit: $A[(Nb_6Cl^i_{10}O^{i-a}_{2/2})O^{a-i}_{2/2}Cl^{a-a}_{4/2}]$. Ils présentent 15 électrons de valence par cluster, valeur de VEC observée pour la première fois dans les oxyhalogénures à clusters octaédriques. La susceptibilité magnétique de ces composés présente un comportement de type Curie-Weiss entre 50 K et 300 K avec un moment effectif compatible avec la présence d'un électron célibataire.

Nous avons ensuite augmenté le nombre de ligands oxygène par motif, ce qui a conduit à l'obtention de deux nouvelles séries d'oxyhalogénures $Na_{0,21}Nb_6Cl_{10,5}O_3$ et $A_xTR_3M_6X_{15}O_6$ (A = Pb, x = 1, TR = terre rare; A = K, x = 1,24, TR = Lu) comportant pour la première fois six atomes d'oxygène par motif, dans deux arrangements totalement différents.

L'oxychlorure $Na_{0,21}Nb_6Cl_{10,5}O_3$ comporte des motifs avec trois atomes d'oxygène en positions inner et trois en positions apicales, qui s'écrivent donc $[(Nb_6Cl^i_9O^i_3)O^a_3Cl^a_3]$. Ceux-ci sont interconnectés par des ligands O^{i-a}, O^{a-i} comme dans le composé précédent mais ici ce type de connexion se développe selon deux directions pour former des pseudo-feuillets de motifs qui sont reliés entre eux par des ponts chlore. L'atome de sodium, qui occupe partiellement son site, est lié à deux clusters de deux feuillets adjacents et complète ainsi la cohésion structurale. La formule développée du composé s'écrit: $Na_{0,21}[(Nb_6Cl^i_9O^{i-a}_{3/2})O^{a-i}_{3/2}Cl^{a-a}_{3/2}]$. Il présente un VEC proche de 14.

Dans la série $A_xTR_3M_6X_{15}O_6$ les six ligands oxygène sont tous situés en position inner ce qui conduit au motif $[(Nb_6Cl^i_6O^i_6)Cl^a_6]$. La structure, résolue pour $PbLu_3Nb_6Cl_{15}O_6$ et $PbGd_3Nb_6Cl_{15}O_6$, est basée sur des motifs isolés qui s'empilent selon un réseau $c.f.c.$ Les atomes de plomb occupent partiellement trois sites. Deux atomes de chlore n'appartenant pas aux motifs pontent deux atomes de terre rare pour former une entité TR_2Cl_2 caractéristique de ces composés. Si l'on considère cette dernière comme un cation complexe $(TR_2Cl_2)^{4+}$, le composé peut s'écrire $Pb(TR_2Cl_2)_{1,5}[(Nb_6Cl^i_6O^i_6)Cl^a_6]$. Le motif anionique $(Nb_6Cl_{12}O_6)^{n-}$ présente une charge 8^-, charge la plus importante obtenue jusqu'à présent dans ce type de composé. Ces oxyhalogénures présentent un VEC de 14. Lorsque le plomb est remplacé par le potassium, le composé $K_{1,24}TR_3Nb_6Cl_{15}O_6$ de même type structural est obtenu avec un VEC proche de 13.

Les données structurales obtenues pour les nouvelles familles d'oxychlorures ont été comparées à celles des autres oxychlorures obtenus jusqu'à présent, ainsi qu'aux chlorures et oxydes à clusters Nb_6. Ceci nous a permis de dégager quelques caractéristiques propres aux oxychlorures à clusters octaédriques de niobium. Ainsi, pour un même nombre de ligands oxygène par motif, plusieurs isomères peuvent exister, certains d'entre eux étant significativement distordus en raison de la répartition inhomogène des ligands oxygène et chlore autour du cluster. Le nombre croissant de ligands oxygène inner par motif entraîne une diminution de la taille du cluster par effet stérique, ainsi qu'une évolution du VEC qui décroît de 16 à 14, valeurs préférentielles observées respectivement dans les halogénures et les oxydes. Ceci s'explique par la déstabilisation progressive du niveau HOMO a_{2u} du diagramme d'orbitales moléculaires en raison d'une contribution M-L^i antiliante à ce niveau, qui devient prépondérante à partir de trois ligands oxygène inner par motif. Par ailleurs les connexions entre les motifs que l'on rencontre habituellement dans les halogénures ou dans les oxydes coexistent dans les oxychlorures, entraînant dans certains cas une anisotropie structurale liée à une répartition inhomogène des ligands oxygène et chlore autour du cluster. Les différents sites ainsi créés dans les structures entraînent une ségrégation des cations: les cations trivalents occupent les sites faisant intervenir l'oxygène en raison de leur charge élevée et de leur faible rayon, tandis que les monovalents et divalents se localisent dans les sites plus volumineux formés uniquement par les atomes de chlore.

Les composés que nous avons isolés présentent tous des motifs originaux, déformés pour la plupart, et très chargés pour certains. Ils constitueront d'excellents précurseurs pour développer une chimie en solution originale dans laquelle les ligands halogènes et oxygène pourront être substitués sélectivement par d'autres types de ligands appropriés. La faisabilité de telles réactions vient d'être confirmée par l'obtention très récente au Laboratoire des deux motifs isomères *cis-* et *trans-* $[(Nb_6Cl_9O_3)CN_6]$ obtenus à partir de réactions en solution mettant en œuvre les deux composés solides $ScNb_6Cl_{13}O_3$ et $Cs_2LaNb_6Cl_{15}O_3$ comportant les deux motifs isomères *cis-* et *trans-* $[(Nb_6Cl_9O_3)Cl_6]$.

BIBLIOGRAPHIE

Références de l'Introduction

1. *Metal Clusters in Chemistry*, Eds.: P. Braunstein, L.A. Oro, P.R. Raithby, Wiley-VCH, Weinheim, New York, Chichester (1999)

2. R. Chevrel, M. Sergent, dans *Topics in Current Physics: Superconductivity in Ternary Compounds,* Eds.: Ø. Fisher, M.P. Maple, Springer-Verlag, Berlin, Heidelberg, New York (1982) 1

3. J.M. Tarascon, F.J. Di Salvo, D.W. Murphy, G.W. Hull, E.A. Rietman, S.V. Waszczak, *J. Solid State Chem., 54* (1984) 104

4. S.J. Hilsenberg, R.E. McCarley, A.L. Goldman, G.L. Schrader, *Chem. Mater., 10* (1998) 125

5. J.P. Gabriel, K. Boubekeur, S. Uriel, P. Batail, *Chem. Rev., 101* (2001) 2037 et Z. Zheng, R.H. Holm, *Inorg. Chem., 36* (1997) 5173

6. R. Wang, Z. Zeng, *J. Am. Chem. Soc., 121* (1999) 3549

7. A. Perrin, M. Sergent, *New J. Chem., 12* (1988) 337

8. S. Cordier, C. Perrin, M. Sergent, *Eur. J. Solid State Inorg. Chem., 31* (1994) 1049

9. S. Cordier, C. Perrin, M. Sergent, *Mater. Res. Bull., 31* (1996) 683

10. S. Cordier, C. Perrin, M. Sergent, *Mater. Res. Bull., 32* (1997) 25

Références du Chapitre I

I.1   J.D. Corbett, *J. Alloys Comp., 229* (1995) 10

I.2   A. Müller, R. Jostes, F.A. Cotton, *Angew. Chem. Int. Ed. Engl., 19* (1980) 875

I.3   R.E. McCarley, *Phil. Trans. R. Soc. Lond., A308* (1982) 141

I.4   F.A. Cotton, *Polyhedron, 5* (1986) 3

I.5   G.J. Miller, *J. Alloys Comp., 229* (1995) 93

I.6   C. Perrin, R. Chevrel, M. Sergent, *C.R. Acad. Sci., 281* (1975) 23

I.7   Y.V. Mironov, A.V. Virovets, S.B. Artemkina, V.E. Fedorov, *Angew. Chem. Int. Ed. Engl., 37* (1998) 2507

I.8   A. Simon, dans *Clusters and Colloids From Theory to Application*, Ed.: G. Schmid, VCH, Weinheim (1994) 373

I.9   C. Perrin, *J. Alloys Comp., 262* (1997) 10

I.10 A. Perrin, M. Sergent, *New J. Chem., 12* (1988) 337

I.11 S.C. Lee, R.H. Holm, *Angew. Chem. Int. Ed. Engl., 29* (1990) 840

I.12 J. Köhler, A. Simon, R. Tischtau, G. Miller, *Angew. Chem. Int. Ed. Engl., 28* (1989) 1662

I.13 S. Picard, M. Potel, P. Gougeon, *Angew. Chem. Int. Ed., 38* (1999) 2034

I.14   Z. Lin, M.F. Fan, dans *Structural Electronic Paradigms in Cluster Chemistry*, Ed.: D.M.P. Mingos, Springer-Verlag, Berlin (1997) 36

I.15   Y. Jiang, A. Tang, R. Hoffmann, J. Huang, J. Lu, *Organometallics, 4* (1985) 27

I.16   F.A. Cotton, J.T. Mague, *Inorg. Chem., 3* (1964) 1402

I.17   H.G. von Schnering, H. Wöhrle, H. Schäfer, *Naturwissenshaften, 48* (1961) 159

I.18   E.B. Kibala, F.A. Cotton, M. Shang, *Inorg. Chem., 29* (1990) 5148

I.19   A. Bino, *Inorg. Chem., 21* (1982) 1917

I.20   F.A. Cotton, S.A. Duraj, W.J. Roth, *J. Am. Chem. Soc., 106* (1984) 3527

I.21   H. Schäfer, H.G. von Schnering, *Angew. Chem., 76* (1964) 833

I.22   G.B. Ansell, L. Katz, *Acta Cryst., 21* (1966) 482

I.23   C.C. Torardi, R.E. McCarley, *Inorg. Chem., 24* (1985) 476

I.24   R.E. Cramer, K. Yamada, H. Kawaguchi, K. Tatsumi, *Inorg. Chem., 35* (1996) 1743

I.25   F.A. Cotton, L.M. Daniels, M. Shang, R. Llusar, W. Schwotzer, *Acta Cryst., C52* (1996) 835

I.26   V. Kolesnichenko, J.J. Luci, D.C. Swenson, L. Messerle, *J. Am. Chem. Soc., 120* (1998) 13260

I.27   G.J. Miller, *J. Alloys Comp., 217* (1995) 5

I.28   G.V. Khvorykh, A.V. Shevelkov, V.A. Dolgikh, B.A. Popovkin, *J. Solid State Chem., 120* (1995) 311

I.29   M.D. Smith, G.J. Miller, *J. Am. Chem. Soc., 118* (1996) 12238

I.30   P.J. Schmidt, G. Thiele, *Acta Cryst., C53* (1997) 1743

I.31   M.D. Smith, G.J. Miller, *J. Alloys Comp., 281* (1998) 202

I.32   F.A. Cotton, M. Shang, *Inorg. Chem., 32* (1993) 969

I.33   F.A. Cotton, M.P. Diebold, X. Feng, W.J. Roth, *Inorg. Chem., 27* (1988) 3413

I.34   B.E. Bursten, F.A. Cotton, M.B. Hall, R.C. Najjar, *Inorg. Chem., 21* (1982) 302

I.35   M.H. Chisholm, F.A. Cotton, A. Fang, E.W. Kober, *Inorg. Chem., 23* (1984) 749

I.36   F.A. Cotton, X. Feng, *Inorg. Chem., 30* (1991) 3666

I.37   H.-J. Meyer, *Z. Anorg. Allg. Chem., 620* (1994) 81

I.38   M. Smith, G.J. Miller, *J. Solid State Chem., 140* (1998) 226

I.39   H.-J. Meyer, *Z. Anorg. Allg. Chem., 620* (1994) 863

I.40   C. Perrin, M. Sergent, *J. Less-Common Met., 123* (1986) 117

I.41   M. Potel, C. Perrin, A. Perrin, M. Sergent, *Mater. Res. Bull., 21* (1986) 1239

I.42   A. Peppenhorst, H.L. Keller, *Z. Anorg. Allg. Chem., 622* (1996) 663

I.43   J. Beck, M. Hengstmann, *Z. Anorg. Allg. Chem., 624* (1998) 433

I.44   C. Perrin, R. Chevrel, M. Sergent, Ø. Fischer, *Mater. Res. Bull., 14* (1979) 1505

I.45   R. Chevrel, M. Sergent, dans *Topics in Current Physics, Superconductivity in Ternary Compounds I,* Eds.: Ø. Fischer et M.P. Maple, Springer Verlag, Berlin (1982) 1

I.46   S. Böschen, H.-L. Keller, *Z. Kristallogr., 196* (1991) 159

I.47   H. Shäfer, H.G. von Schnering, J. Tillack, F. Kuhnen, H. Wöhrle, H. Baumann, *Z. Anorg. Allg. Chem., 353* (1967) 281

I.48   C. Perrin, M. Sergent, F. Le Traon, A. Le Traon, *J. Solid State Chem., 25* (1978) 197

I.49   C. Perrin, M. Sergent, *J. Chem. Res., (M)* (1983) 449

I.50   C. Perrin, M. Sergent, *J. Chem. Res., (S) 2* (1983) 38

I.51   C. Perrin, M. Potel, M. Sergent, *Acta Cryst., C39* (1983) 415

I.52   M. Sergent, Ø. Fisher, M. Decroux, C. Perrin, R. Chevrel, *J. Solid State Chem., 22* (1978) 87

I.53   S. Ihmaïne, C. Perrin, M. Sergent, *Croatia Chem. Acta, 68* (1995) 877

I.54   S. Ihmaïne, C. Perrin, M. Sergent, *Eur. J. Solid State Inorg. Chem., 34* (1997) 169

I.55   Y.Q. Zheng, Y. Grin, K. Peters, H.G. von Schnering, *Z. Anorg. Allg. Chem., 624* (1998) 959

I.56   H. Shäfer, R. Siepmann, *Z. Anorg. Allg. Chem., 357* (1968) 273

I.57   T. Saito, A. Yoshikawa, T. Yamagato, H. Imoto, K. Unoura, *Inorg. Chem., 28* (1989) 3588

I.58   G.M. Ehrlich, C.J. Warren, D.A. Vennos, D.M. Ho, R.C. Haushalter, F.J. DiSalvo, *Inorg. Chem., 34* (1995) 4454

I.59   X. Zhang, R.E. McCarley, *Inorg. Chem., 34* (1995) 2678

I.60   X. Xie, R.E. McCarley, *Inorg. Chem., 34* (1995) 6124

I.61   L. Leduc, A. Perrin, M. Sergent, J.C. Pilet, F. Le Traon, A. Le Traon, *Materials Letters., 3* (1985) 209

I.62   L. Leduc, A. Perrin, M. Sergent, *Acta Cryst., C39* (1983) 1503

I.63   A. Slougui, A. Perrin, M. Sergent, *Acta Cryst., C48* (1992) 1917

I.64   A. Slougui, S. Ferron, A. Perrin, M. Sergent, *J. Clusters Science, 8* (1997) 348

I.65   A. Slougui, S. Ferron, A. Perrin, M. Sergent, *Eur. J. Solid State Inorg. Chem., 33* (1996) 1001

I.66   M. Spangeberg, W. Bronger, *Angew. Chem. Int. Ed. Engl., 17* (1978) 368

I.67   S. Chen, W.R. Robinson, *J. Chem. Soc., Chem. Comm., 20* (1978) 879

I.68   W. Bronger, M. Spangenberg, *J. Less-Common Met., 76* (1980) 73

I.69   W. Bronger, H.J. Miessen, *J. Less-Common Met., 83* (1982) 29

I.70   F. Simon, K. Boubekeur, J.C.P. Gabriel, P. Batail, *Chem. Commun.* (1998) 845

I.71   A. Slougui, Y. V. Mironov, A. Perrin, V.E. Fedorov, *Crotica Chemica Acta, 68* (1995) 885

I.72   Y.V. Mironov, V.E. Fedorov, C.C. McLauchlan, J.A. Ibers, *Inorg. Chem., 39* (2000) 1809

I.73   N.G. Naumov, S.B. Artemkina, A.V. Virovets, V.E. Fedorov, *J. Solid State Chem., 153* (2000) 195

I.74   A. Simon, H.G. von Schnering, H. Shäfer, *Z. Anorg. Allg. Chem., 355* (1967) 295

I.75   H. Imoto, A. Simon, *Inorg. Chem., 21* (1982) 308

I.76   H. Imoto, J.D. Corbett, *Inorg. Chem., 19* (1980) 1241

I.77   H.-J. Meyer, J.D. Corbett, *Inorg. Chem., 30* (1991) 963

I.78   F. Stollmaier, A. Simon, *Inorg. Chem., 24* (1985) 168

I.79   R.P. Ziebarth, J.D. Corbett, *J. Am. Chem. Soc., 111* (1989) 3272

I.80   J. Zhang, J.D. Corbett, *Inorg. Chem., 32* (1993) 1566

I.81   S. Ihmaïne, C. Perrin, M. Sergent, *Acta Cryst., C45* (1989) 705

I.82   H. Imoto, J.D. Corbett, A. Cizar, *Inorg. Chem., 20* (1981) 145

I.83   S. Ihmaïne, C. Perrin, O. Peña, M. Sergent, *J. Less-Common Met., 137* (1988) 323

I.84   J.D. Smith, J.D. Corbett, *J. Am. Chem. Soc., 107* (1985) 5704

I.85   R.Y. Qi, J.D. Corbett, *Inorg. Chem., 36* (1997) 6039

I.86   R.P. Ziebarth, J.D. Corbett, *J. Less-Common Met., 137* (1988) 21

I.87   D. Bauer, H.G. von Schnering, *Z. Anorg. Allg. Chem., 361* (1968) 259

I.88   J. Zhang, J.D. Corbett, *Inorg. Chem., 30* (1991) 431

I.89   H. Schäfer, H.G. von Schnering, K.-J.Niehues, H.G.N.-Vahrenholz, *J. Less-Common Met., 9* (1965) 95

I.90   J. Zhang, J.D. Corbett, *Inorg. Chem., 34* (1995) 1652

I.91   R.Y. Qi, J.D. Corbett, *Inorg. Chem., 34* (1995) 1657

I.92   R.Y. Qi, J.D. Corbett, *Inorg. Chem., 34* (1995) 1646

I.93   R. Siepmann, H.G. von Schnering, H. Shäfer, *Angew. Chem. Int. Ed., 6* (1975) 637

I.94   A. Nagele, J. Glaser, H.J. Meyer, *Z. Anorg. Allg. Chem., 627* (2001) 244

I.95   D.L. Kepert, R.E. Marshall, D. Taylor, *J. Chem. Soc. Dalton* (1974) 506

I.96   N.R.M. Crawford, J.R. Long, *Inorg. Chem., 40* (2001) 3456

I.97   S. Cordier, C. Perrin, M. Sergent, *J. Solid State Chem., 118* (1995) 274

I.98   S. Cordier, C. Loisel, C. Perrin, M. Sergent, *J. Solid State Chem., 147* (1999) 350

I.99   A. Broll, H. Schäfer, *J. Less-Common Met., 22* (1970) 367

I.100 S. Ihmaïne, C. Perrin, M. Sergent, *Acta Cryst., C43* (1987) 813

I.101 S. Cordier, C. Perrin, M. Sergent, *Z. Anorg. Allg. Chem., 619* (1993) 621

I.102 A. Simon, H.G. von Schnering, H. Shäfer, *Z. Anorg. Allg. Chem., 361* (1968) 235

I.103 A. Lachgar, H.-J. Meyer, *J. Solid State Chem., 110* (1994) 15

I.104 A. Simon, H.G. von Schnering, H. Wöhrle, H. Shäfer, *Z. Anorg. Allg. Chem., 339* (1965) 155

I.105 H. Schäfer, D. Giegling, *Z. Anorg. Allgem. Chem., 420* (1976) 1

I.106 D. Bauer, H.G. von Schnering, H. Shäfer, *J. Less-Common Met., 8* (1965) 388

I.107 L. Le Polles, S. Cordier, C. Perrin, M. Sergent, *C.R. Acad. Sc. Paris, t.2, Série IIc* (1999) 661

I.108 M.E. Sägebarth, A. Simon, H. Imoto, W. Weppner, G. Kliche, *Z. Anorg. Allg. Chem., 621* (1995) 1589

I.109 H. Womelsdorf, H.-J. Meyer, A. Lachgar, *Z. Anorg. Allg. Chem., 623* (1997) 908

I.110 R.P. Ziebarth, J.D. Corbett, *J. Am. Chem. Soc., 109* (1987) 4844

I.111 G. Svensson, J. Köhler, A. Simon, dans *Metal Clusters in Chemistry,* Eds.: P. Braunstein, L.A. Oro, P.R. Raithby, Wiley-VCH, Weinheim (1999) 1485

I.112 O. Marinder, *Chim. Scripta, 11* (1977) 97

I.113 A. Ritter, T. Lydssan, B. Harbrecht, *Z. Anorg. Allg. Chem., 624* (1998) 1791

I.114 J. Köhler, R. Tischtau, A. Simon, *J. Chem. Soc. Dalton Trans.* (1991) 829

I.115 B. Hessen, S.A. Sunshine, T. Siegrist, A.T. Fiory, J.V. Waszczak, *Chem. Mater., 3* (1991) 528

I.116 E.V. Anokhina, M.W. Essig, C.S. Day, A. Lachgar, *J. Am. Chem. Soc., 121* (1999) 6827

I.117 K.B. Kersting, W. Jeitschko, *J. Solid State Chem., 93* (1991) 350

I.118 M.J. Geselbracht, A.M. Stacy, *J. Solid State Chem., 110* (1994) 1

I.119 S. Cordier, C. Perrin, M. Sergent, *Eur. J. Solid State Inorg. Chem., 31* (1994) 1049

I.120 S. Cordier, C. Perrin, M. Sergent, *Mater. Res. Bull., 32* (1997) 25

I.121 S. Cordier, C. Perrin, M. Sergent, *J. Solid State Chem., 120* (1995) 43

I.122 S. Cordier, C. Perrin, M. Sergent, *Mater. Res. Bull., 31* (1996) 683

I.123 E.V. Anokhina, M.W. Essig, A. Lachgar, *Angew. Chem. Int. Ed., 37* (1998) 522

I.124 E.V. Anokhina, C.S. Day, M.W. Essig, A. Lachgar, *Angew. Chem. Int. Ed., 39* (2000) 1047

I.125 E.V. Anokhina, C.S. Day, A. Lachgar, *Chem. Commun.* (2000) 1491

I.126 W. Preetz, K. Halder, *Z. Anorg. Allg. Chem., 597* (1991) 163

I.127 M. Sägebarth, A. Simon, *Z. Anorg. Allg. Chem., 587* (1990) 119

I.128 S. Cordier, O. Hernandez, C. Perrin, *J. Fluorine Chem., 107* (2001) 205

I.129 F.W. Koknat, R.E. McCarley, *Inorg. Chem., 13* (1974) 295

I.130 B. Spreckelmeyer, C. Brendel, M. Dartmann, H. Shäfer, *Z. Anorg. Allg. Chem., 386* (1971) 27

I.131 N. Prokopuk, C.S. Weinert, V.O. Kennedy, D.P. Siska, H.-J. Jeon, C.L. Stern, D.F. Shiver, *Inorganica Chimica Acta, 300-302* (2000) 951

I.132 N. Brnicevic, R.E. McCarley, S. Hilsenberck, B. K.-Prodic, *Acta Cryst., C47* (1991) 315

I.133 U. Beck, H. Borrmann, A. Simon, *Acta Cryst., C50* (1994) 695

I.134 N. Brnicevic, P. Planinic, R.E. McCarley, S. Antolic, M. Luic, B.K. -Prodic, *J. Chem. Soc. Dalton Trans.* (1995) 1441

I.135 A. Slougui, L. Ouahab, C. Perrin, D. Gradjean, P. Batail, *Acta Cryst., C47* (1991) 1718

I.136 F.A. Cotton, T.E. Haas, *Inorg. Chem., 3* (1964) 10

I.137 R.G. Wooley, *Inorg. Chem., 24* (1985) 3519

I.138 T. Hughbanks, R. Hoffmann, *J. Am. Chem. Soc., 105* (1983) 1150

I.139 R.L. Johnston, D.M. Mingos, *Inorg. Chem., 25* (1986) 1661

I.140 F. Ogliaro, S. Cordier, J.F. Halet, C. Perrin, J.Y. Saillard, M. Sergent, *Inorg. Chem., 37* (1998) 6199

I.141 G.V. Vajenine, A. Simon, *Inorg. Chem., 38* (1999) 3463

I.142 Z. Lin, I.D. Williams, *Polyhedron, 15* (1996) 3277

I.143 J.G. Converse, R.E. McCarley, *Inorg. Chem., 9* (1970) 1361

Références du Chapitre II

II.1 H. Schäfer, *Chemical Transport Reactions*, Academic Press, New York (1964)

II.2 L.G. Aksel'rud, Y.N. Grin, V.K. Pecharsky, P.Y. Zavalij, *CSD97: Universal Program Package for Single Crystal and Powder Data Treatment, version N7* (1997)

II.3 *COLLECT: KappaCCD software,* Nonius BV, Delft, The Netherlands (1998)

II.4 Z. Otwinowski, W. Minor, dans *Methods in Enzymology, 276,* Eds.: C.W. Carter, Jr., R.M. Sweet, New York, Academic Press (1997) 307

II.5 C.K. Fair, *MolEN: An Interactive Intelligent System for Crystal Structure Analysis,* Enraf-Nonius, Delft, The Netherlands (1990)

II.6 A. Candrasekaran, *XRAYCS: Program for Single Crystal X-Ray Data Corrections,* Massachusetts (1998)

II.7 R.H. Blessing, *Acta Cryst., A51* (1995) 33

II.8 P. Coppens, dans *Crystallographic Computing,* Eds.: F.R. Ahmed, S.R. Hall, C.P. Huber, Copenhagen, Munksgaard Publishers, Ltd. (1970) 255

II.9 G.M. Sheldrick, *SHELXS-97: Program for the Solution of Crystal Structure,* University of Göttingen, Göttingen (1990)

II.10 A. Altomare, M.C. Burla, M. Camalli, G. Cascarano, C. Giacovazzo, A. Guagliardi, A.G.G. Moliterni, G. Polidori, R. Spagna, *J. Applied Cryst., 32* (1999) 115

II.11 G.M. Sheldrick, *SHELXL-97: Program for the Refinement of Crystal Structure,* University of Göttingen, Göttingen (1997)

II.12   *International Tables for X-Ray Crystallography, tome IV*, Birmingham: Kynoch Press (distributeur actuel D. Reidel, Dordrecht) (1975)

II.13   C.K. Johnson, *ORTEP II, report ORNL-5138*, Oak-Ridge National Laboratory, TN (1976)

Références du Chapitre III

III.1   H.G. von Schnering, H. Wöhrle, H. Schäfer, *Naturwissenshaften, 48* (1961) 159

III.2   G.V. Khvorykh, A.V. Shevelkov, V.A. Dolgikh, B.A. Popovkin, *J. Solid State Chem., 120* (1995) 311

III.3   H.-J. Meyer, *Z. Anorg. Allg. Chem., 620* (1994) 863

III.4   D.V. Drobot, E.A. Pisarev, *Zh. Neorg. Khim. 29* (1984) 2723

III.5   P. Main, S.J. Fiske, S.E. Hull, L. Lessinger, G. Germain, J.P. Declercq, M.M. Woolfson, *MULTAN 11/82: A System of Computer Programs for the Automatic Solution of Crystal Structure Analysis*, Enraf-Nonius, Delft, The Netherlands (1990)

III.6   D.T. Richens, I.J. Shannon, *J. Chem. Soc., Dalton Trans.* (1998) 2611

III.7   F.A. Cotton, M.P. Diebold, R. Llusar, W.J. Roth, *J. Chem. Soc., Chem. Commun.* (1986) 1276

III.8   G.J. Miller, *J. Alloys Comp., 229* (1995) 93

III.9   A. Simon, H.G. von Schnering, *J. Less-Common Met., 11* (1966) 31

III.10   G.J. Miller, *J. Alloys Comp., 217* (1995) 5

III.11   M.D. Smith, G.J. Miller, *J. Alloys Comp., 281* (1998) 202

III.12   M. Smith, G.J. Miller, *J. Solid State Chem., 140* (1998) 226

III.13   M.D. Smith, G.J. Miller, *J. Am. Chem. Soc., 118* (1996) 12238

III.14   F. Ogliaro, S. Cordier, J.F. Halet, C. Perrin, J.Y. Saillard, M. Sergent, *Inorg. Chem., 37* (1998) 6199

III.15   E.B. -Kibala, F.A. Cotton, M. Shang, *Inorg. Chem., 29* (1990) 5148

III.16   F.A. Cotton, M.P. Diebold, X. Feng, W.J. Roth, *Inorg. Chem., 27* (1988) 3413

III.17   F.A. Cotton, M. Shang, *Inorg. Chem., 32* (1993) 969

III.18   H. Schäfer, H.G. von Schnering, *Angew. Chem., 76* (1964) 833

III.19   C.C. Torardi, R.E. McCarley, *Inorg. Chem., 24* (1985) 476

III.20   G.B. Ansell, L. Katz, *Acta Cryst., 21* (1966) 482

III.21   C. Perrin, *J. Alloys Comp., 262* (1997) 10

Références du Chapitre IV

IV.1   S. Cordier, These d'Université, Rennes (1996)

IV.2   A. Broll, H.G. von Schnering, H. Schäfer, *J. Less-Common Met., 22* (1970) 243

IV.3   A. Broll, A. Simon, H.G. von Schnering, H. Schäfer, *Z. Anorg. Allg. Chem.,* *367* (1969) 1

IV.4   A. Taylor, N.J. Doyle, *J. Less-Common Met., 13* (1967) 313

IV.5   F. Ogliaro, S. Cordier, J.F. Halet, C. Perrin, J.Y. Saillard, M. Sergent, *Inorg. Chem., 37* (1998) 6199

IV.6   P. Main, S.J. Fiske, S.E. Hull, L. Lessinger, G. Germain, J.P. Declercq, M.M. Woolfson, *MULTAN 11/82: A System of Computer Programs for the Automatic Solution of Crystal Structure Analysis*, Enraf-Nonius, Delft, The Netherlands (1990)

IV.7   C.K. Fair, *MolEN: An Interactive Intelligent System for Crystal Structure Analysis,* Enraf-Nonius, Delft, The Netherlands (1990)

IV.8   *COLLECT: KappaCCD software,* Nonius BV, Delft, The Netherlands (1998)

IV.9   Z. Otwinowski, W. Minor, dans *Methods in Enzymology, 276,* Eds.: C.W. Carter, Jr., R.M. Sweet, New York, Academic Press (1997) 307

IV.10   R.H. Blessing, *Acta Cryst., A51* (1995) 33

IV.11   G.M. Sheldrick, *SHELXS-97: Program for the Solution of Crystal Structure,* University of Göttingen, Göttingen (1990)

IV.12   G.M. Sheldrick, *SHELXL-97: Program for the Refinement of Crystal Structure,* University of Göttingen, Göttingen (1997)

IV.13   E.V. Anokhina, M.W. Essig, A. Lachgar, *Angew. Chem. Int. Ed., 37* (1998) 522

IV.14   E.V. Anokhina, C.S. Day, A. Lachgar, *Chem. Commun.* (2000) 1491

IV.15   S. Cordier, F. Gulo, C. Perrin, *Solid State Sciences, 1* (1999) 637

IV.16   A. Simon, H.G. von Schnering, H. Wöhrle, H. Shäfer, *Z. Anorg. Allg. Chem., 339* (1965) 155

IV.17   R.P. Ziebarth, J.D. Corbett, *J. Solid State Chem., 80* (1989) 56

IV.18   S. Cordier, C. Perrin, M. Sergent, *Eur. J. Solid State Inorg. Chem., 31* (1994) 1049

IV.19   R.D. Shannon, *Acta Cryst., A32* (1975) 751

IV.20   S. Cordier, C. Perrin, M. Sergent, *Mater. Res. Bull., 32* (1997) 25

IV.21   S. Ihmaïne, C. Perrin, M. Sergent, *Acta Cryst., C45* (1989) 705

IV.22   S. Ihmaïne, C. Perrin, O. Peña, M. Sergent, *J. Less-Common Met., 137* (1988) 323

IV.23   S. Cordier, C. Loisel, C. Perrin, M. Sergent, *J. Solid State Chem., 147* (1999) 350

IV.24   J. Köhler, A. Simon, J. Hibble, A.K. Cheetham, *J. Less-Common Met., 142* (1988) 123

IV.25   E.V. Anokhina, M.W. Essig, C.S. Day, A. Lachgar, *J. Am. Chem. Soc., 121* (1999) 6827

IV.26   S. Cordier, C. Perrin, M. Sergent, *Mater. Res. Bull., 31* (1996) 683

IV.27   B. Le Guennic, communication personnelle

IV.28   J.G. Converse, R.E. McCarley, *Inorg. Chem., 9* (1970) 1361

IV.29   J.D. Smith, J.D. Corbett, *J. Am. Chem. Soc., 107* (1985) 5704

IV.30   D.S. Dudis, J.D. Corbett, S.-J. Hwu, *Inorg. Chem., 25* (1986) 3434

IV.31   A. Penicaud, P. Batail, C. Perrin, C. Coulon, S.S.P. Parkin, J.B. Torrance, *J. Chem. Soc., Chem. Commun.* (1987) 330

IV.32   D.D. Klendworth, R.A. Walton, *Inorg. Chem., 20* (1981) 1151

Références du Chapitre V

V.1   A. Broll, D. Juza, H. Shäfer, *Z. Anorg. Allg. Chem., 382* (1971) 69

V.2   B.-O. Marinder, *Acta Chem. Scand., 15* (1961) 707; *Arkiv Khemi, 19* (1962) 435

V.3   D.V. Drobot, E.A. Pisarev, *Zh. Neorg. Khim. 29* (1984) 2723

V.4   H.G. von Schnering, H. Wöhrle, H. Schäfer, *Naturwissenshaften, 48* (1961) 159

V.5   Z. Otwinowski, W. Minor, dans *Methods in Enzymology, 276,* Eds.: C.W. Carter, Jr., R.M. Sweet, New York, Academic Press (1997) 307

V.6   A. Altomare, M.C. Burla, M. Camalli, G. Cascarano, C. Giacovazzo, A. Guagliardi, A.G.G. Moliterni, G. Polidori, R. Spagna, *J. Applied Cryst., 32* (1999) 115

V.7   G.M. Sheldrick, *SHELXL-97: Program for the Refinement of Crystal Structure*, University of Göttingen, Göttingen (1997)

V.8   S. Cordier, C. Perrin, M. Sergent, *Mater. Res. Bull., 32* (1997) 25

V.9   S. Cordier, C. Perrin, M. Sergent, *Eur. J. Solid State Inorg. Chem., 31* (1994) 1049

V.10   F. Gulo, S. Cordier, C. Perrin, *Z. Kristallogr. NCS 216* (2001) 187

V.11   J. Xu, T. Emge, M. Greenblatt, *J. Solid State Chem., 123* (1996) 21

V.12   G. Nilsson, G. Svensson, *Z. Anorg. Allg. Chem., 626* (2000) 160

V.13   E.V. Anokhina, C.S. Day, A. Lachgar, *Chem. Commun.* (2000) 1491

V.14   R.D. Shannon, *Acta Cryst., A32* (1975) 751

V.15   J. Köhler, R. Tischtau, A. Simon, *J. Chem. Soc. Dalton Trans.* (1991) 829

V.16   S. Cordier, Thèse d'Université, Rennes (1996) et S. Cordier, N. Naumov, C. Perrin, travaux non publiés

V.17   S. Cordier, O. Hernandez, C. Perrin, *J. Fluorine Chem., 107* (2001) 205

V.18   S. Cordier, O. Hernandez, C. Perrin, *J. Solid State Chem., 158* (2001) 327

V.19   S. Cordier, C. Perrin, M. Sergent, *Z. Anorg. Allg. Chem., 619* (1993) 621

V.20   *COLLECT: KappaCCD software,* Nonius BV, Delft, The Netherlands (1998)

V.21   E.V. Anokhina, M.W. Essig, A. Lachgar, *Angew. Chem. Int. Ed., 37* (1998) 522

V.22   S. Cordier, F. Gulo, C. Perrin, *Solid State Sciences, 1* (1999) 637

V.23   S. Cordier, A. Simon, *Solid State Sciences, 1* (1999) 199

V.24   R.Y. Qi, J.D. Corbett, *Inorg. Chem., 36* (1997) 6039

V.25   S. Ihmaïne, C. Perrin, O. Peña, M. Sergent, *J. Less Common Met., 137* (1988) 323

V.26   O. Peña, S. Ihmaïne, C. Perrin, M. Sergent, *Solid State Comm., 74* (1990) 285

Références du Chapitre VI

VI.1   F. Gulo, S. Cordier, C. Perrin, Z. *Kristallogr. NCS 216* (2001) 187

VI.2   S. Ihmaïne, C. Perrin, M. Sergent, *Acta Cryst., C45* (1989) 705

VI.3   S. Ihmaïne, C. Perrin, O. Peña, M. Sergent, *J. Less-Common Met., 137* (1988) 323

VI.4   S. Cordier, C. Perrin, M. Sergent, *Mater. Res. Bull., 31* (1996) 683

VI.5   S. Cordier, C. Perrin, M. Sergent, *Mater. Res. Bull., 32* (1997) 25

VI.6   S. Cordier, C. Perrin, M. Sergent, *Eur. J. Solid State Inorg. Chem., 31* (1994) 1049

VI.7   E.V. Anokhina, M.W. Essig, A. Lachgar, *Angew. Chem. Int. Ed. Engl., 37* (1998) 522

VI.8   E.V. Anokhina, C.S. Day, M.W. Essig, A. Lachgar, *Angew. Chem. Int. Ed. Engl., 39* (2000) 1047

VI.9   E.V. Anokhina, C.S. Day, A. Lachgar, *Angew. Chem. Commun.* (2000) 1491

VI.10 E.V. Anokhina, C.S. Day, A. Lachgar, *Inorg. Chem., 40* (2001) 5072

VI.11 J. Köhler, R. Tischtau, A. Simon, *J. Chem. Soc. Dalton Trans.* (1991) 829

VI.12 E.V. Anokhina, M.W. Essig, C.S. Day, A. Lachgar, *J. Am. Chem. Soc., 121* (1999) 6827

VI.13 F. Ogliaro, S. Cordier, J.F. Halet, C. Perrin, J.Y. Saillard, M. Sergent, *Inorg. Chem., 37* (1998) 6199

VI.14 N.R.M. Crawford, J.R. Long, *Inorg. Chem., 40* (2001) 3456

VI.15 S.J. Hibble, A.K. Cheetham, J. Köhler, A. Simon, *J. Less-Common Met., 154* (1989) 217

VI.16 A. Ritter, T. Lydssan, B. Harbrecht, Z. *Anorg. Allg. Chem., 624* (1998) 1791

VI.17 S. Cordier, Thèse d'Université, Rennes (1996)

VI.18 A. Simon, H.G. von Schnering, H. Shäfer, Z. *Anorg. Allg. Chem., 361* (1968) 235

VI.19 W. Bronger, M. Kanert, M. Loevenich, D. Schmitz, Z. *Anorg. Allg. Chem., 619* (1993) 2015

VI.20 S. Cordier, C. Perrin, M. Sergent, Z. *Anorg. Allg. Chem., 619* (1993) 621

VI.21 S. Cordier, C. Perrin, M. Sergent, *J. Solid State Chem., 118* (1995) 274

VI.22 G. Kliche, H.G. von Schnering, Z. *Naturforsch., 44b* (1989) 74

VI.23 A. Simon, H.G. von Schnering, H. Wöhrle, H. Shäfer, Z. *Anorg. Allg. Chem., 339* (1965) 155

VI.24 J. Xu, T. Emge, M. Greenblatt, *J. Solid State Chem., 123* (1996) 21

VI.25 R.P. Ziebarth, J.D. Corbett, *J. Solid State Chem., 80* (1989) 56

VI.26 S. Uma, J.D. Corbett, *Inorg. Chem., 37* (1998) 1944

VI.27 R. Chevrel, M. Sergent, dans *Topics in Current Physics, Superconductivity in Ternary Compounds I,* Eds.: Ø. Fischer et M.P. Maple, Springer Verlag, Berlin (1982) 1

VI.28 S.-T. Hong, L.M. Hoistad, J.D. Corbett, *Inorg. Chem., 39* (2000) 98

VI.29 H.-J. Meyer, J.D. Corbett, *Inorg. Chem., 30* (1991) 963

VI.30 C. Perrin, M. Sergent, *J. Chem. Res., (M)* (1983) 449

MoreBooks!
publishing

mb!

Oui, je veux morebooks!

i **want** morebooks!

Buy your books fast and straightforward online - at one of world's
fastest growing online book stores! Environmentally sound due to
Print-on-Demand technologies.

Buy your books online at
www.get-morebooks.com

Achetez vos livres en ligne, vite et bien, sur l'une des librairies en
ligne les plus performantes au monde!
En protégeant nos ressources et notre environnement grâce à
l'impression à la demande.

La librairie en ligne pour acheter plus vite
www.morebooks.fr

VSG
VDM Verlagsservicegesellschaft mbH
Heinrich-Böcking-Str. 6-8   Telefon: +49 681 3720 174   info@vdm-vsg.de
D - 66121 Saarbrücken   Telefax: +49 681 3720 1749   www.vdm-vsg.de

www.ingramcontent.com/pod-product-compliance
Lightning Source LLC
Chambersburg PA
CBHW021055210326
41598CB00016B/1210

Oxyhalogénures à Clusters Triangulaires et Octaédriques de Niobium

Ce livre est consacré à l'étude de nouveaux oxyhalogénures à clusters triangulaires et octaédriques de niobium. Le cluster triangulaire d'oxychlorure de niobium coiffé par un atome de chlore, est significativement déformé en raison de la différence de rayon des ligands qui pontent ses arêtes. Chacun de ces ligands est également relié au sommet d'un cluster voisin. Trois séries d'oxychlorures à clusters octaédriques de niobium ont été isolés. Le 1er comporte des motifs dans lesquels deux ligands oxygène sont en positions inner tandis que les deux autres sont en positions apicales. Les motifs sont reliés par l'intermédiaire des ligands oxygènes inner-apicales. Le 2ème comporte des motifs qui sont interconnectés par des ligands oxygènes inner-apicales et se développe selon deux directions. La structure de 3ème composé est basée sur des motifs isolés. Deux atomes de chlore pontent deux atomes de terre rare pour former une entité. Nous discutons l'évolution stérique et électronique du motif en fonction du nombre de ligands oxygène par motif et l'influence de ces ligands sur les connexions intermotifs et les sites cationiques.

Fakhili Gulo
est né à Fadorobahili, Nias, Indonésie. Il est titulaire d'un Doctorat en Chimie du Solide de l'Université de Rennes 1, France et est actuellement enseignant chercher à Université de Sriwijaya, Indonésie. Ses domaines de recherche sont les synthèses et caractérisations des composes à clusters et intermétalliques des métaux transitions.

978-3-8381-7051-0